最具人气的

美味西点

张 琴 王 森／著
徐红亮 苏 君／摄 影
张 婷／文字校对

中国轻工业出版社

图书在版编目（CIP）数据

最具人气的美味西点 / 张琴，王森著. —北京：
中国轻工业出版社，2014.6
　ISBN 978-7-5019-9654-4

　Ⅰ.①最…　Ⅱ.①张…　②王…　Ⅲ.①西点－制作
Ⅳ.①TS213.2

　中国版本图书馆CIP数据核字（2014）第031334号

策划编辑：马　妍　　责任编辑：马　妍　苏　杨　　责任终审：劳国强
整体设计：水长流文化　责任校对：燕　杰　　　　　　责任监印：张　可
出版发行：中国轻工业出版社（北京东长安街 6 号，邮编：100740）
印　　刷：北京顺诚彩色印刷有限公司
经　　销：各地新华书店
版　　次：2014年6月第1版第1次印刷
开　　本：720×1000　1/16　印张：8.5
字　　数：200千字
书　　号：ISBN 978-7-5019-9654-4　　　　　　定价：34.00元
邮购电话：010-65241695　传真：65128352
发行电话：010-85119835　85119793　传真：85113293
网　　址：http://www.chlip.com.cn
Email：club@chlip.com.cn
如发现图书残缺请直接与我社邮购联系调换
130580S1X101ZBW

序

　　作为一个热爱蛋糕和西点的女人，我认为美丽的容颜会随着年龄的增长而慢慢消失，但能够欣赏美味的心灵会永远地存在。

　　生活中，时常会被美味感动的我，决定离开职场专心致志于西点的烘焙料理中。那份烘焙时的感受常常能感动自己，也能透过甜点的制作感动我的家人和朋友。

　　烘焙是一件快乐而富有创意的事，研究配方、称量材料、搅拌、烘烤、装饰……一切是那么地令人乐在其中。有一间属于自己的甜品店，尽情地创新，将自己所喜爱的甜点与众人分享，是我近年来的一个梦想，此时我也正朝着实现这个梦想前进。

　　恋上厨房，享受愉悦的烘焙时光。在制作西点时我总喜欢把爱、健康、简单、轻松、快乐融入其中，使它不再是那么复杂，更多地让我们感悟到的是调节生活、放松心情。

　　唯有美食和爱不可辜负。美食不仅是满足口腹之欲，更是一种对美学和生活的态度。只有对生活充满热情和希望的人，才能做出让人感受到幸福的甜品。

张琴 现专职研究美食

目录

乳酪蛋糕 ×12 款

塔派 ×33 款

理论篇

随着时代的发展，蛋糕渐渐成为人们生活中不可缺少的甜品。

在蛋糕的世界中，不同的配方会制作出浓稠不一的面糊，经过高温烘烤，便会呈现出风味迥异的面貌。

在外观上，由于搅拌的时间和打发的程度不同，以及空气渗入的程度不同，不同类型的蛋糕，便会在表面呈现出不同程度的龟裂。

一、蛋糕制作的材料

制作蛋糕，选取正确的材料是非常重要的。

1. 糖类

细砂糖
主要的西式甜点甜味剂，颗粒较为细小，容易搅拌溶化。

蜂蜜
添加在蛋糕中具有保湿及上色的效果。

红糖
又称黑糖，具有浓郁的焦香味。

糖粉
白色粉末状的糖，更容易在液体中溶化。

2. 粉类

低筋面粉

低筋面粉是蛋白质含量较低的面粉，一般蛋白质的含量在 8.5% 以下，通常用来制作蛋糕及饼干。

全麦面粉

全麦面粉即低筋面粉内添加麸皮，用于蛋糕制作中，以增添风味。

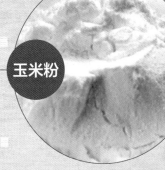

玉米粉

玉米粉呈白色粉末状，具有凝胶的特性，添加在蛋糕中，让面糊筋性减弱，蛋糕组织更为绵细。

杏仁粉

杏仁粉即由杏仁磨成的粉，添加在蛋糕中，用来丰富蛋糕的口感。

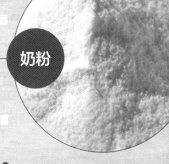

奶粉

奶粉用在蛋糕制作中，用来增加产品的风味。

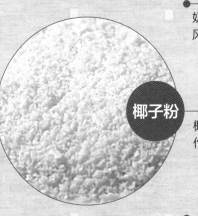

椰子粉

椰子粉是由椰子的果实制成，用于蛋糕制作中可以改变蛋糕的口味。

抹茶粉

抹茶粉是采用天然石磨碾磨成微粉状的、覆盖的、蒸青的绿茶粉末。将抹茶粉用于蛋糕制作中，可以起到改善蛋糕风味的作用。

3. 膨松剂

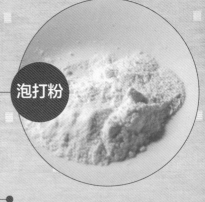

泡打粉

泡打粉简称 BP，在使用时和面粉一起搅拌能起到蓬松效果。

蛋糕乳化剂

蛋糕乳化剂（SP）是制作蛋糕时的添加剂，可以达到使蛋糕组织松软绵细的效果。

4. 乳制品类

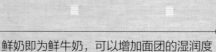

奶油

奶油是由牛奶提炼而成的，制作蛋糕时常常使用无盐奶油。奶油需要冷藏保存。

鲜奶

鲜奶即为鲜牛奶，可以增加面团的湿润度和蛋糕的香味。

炼乳

由新鲜牛奶蒸发提炼而成，呈乳白色浓稠状。

乳酪

乳酪是由牛奶制成的半发酵品，常用来制作乳酪蛋糕或慕斯，需要在冷藏室中储存。

5. 坚果类

杏仁碎

由整粒的杏仁切碎而成。

核桃

常用坚果，可以添加在面团或面糊中，增加产品的美味。

芝麻

可以添加在面团中，也可以用作表面装饰。

杏仁片

由整粒的杏仁切片而成，常用于表面装饰。

6. 巧克力类

黑巧克力

常隔水融化后使用，可以用于面糊制作或者表面装饰。

白巧克力

常隔水融化后使用，可以用于面糊制作或者表面装饰。

7. 果仁果酱类

蜜红豆
经过熬煮蜜渍过后呈完整颗粒状的红豆，常用于面糊的制作，可增添蛋糕的风味。

橄榄
腌制过的橄榄，常用来装饰蛋糕的表面。

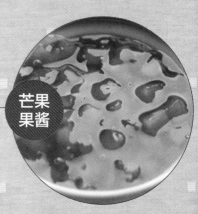

芒果果酱
可以用来加入面糊或者制作馅料，使蛋糕更为美味。

葡萄干
经常添加在面包或者蛋糕内，可以增加产品的风味。

蔓越莓干
可以添加在面包或蛋糕内，增加风味，如果颗粒过大，使用前可以先切碎。

椰汁
由椰肉碾磨加工而成，常用于蛋糕的制作，以增加蛋糕的风味。

8. 水果类

切片使用，可以用在表面装饰，也可切碎拌在面糊内。 **香蕉**

小番茄 一般切片或者整个放在表面用于装饰。

9. 蛋类

鸡蛋 鸡蛋是制作蛋糕必不可少的原料，一般情况下，制作蛋糕有使用全蛋的，也有只用蛋黄或者只用蛋清的，如天使蛋糕即为只用蛋清、不用蛋黄制作的蛋糕。

10. 其他类

可以加入面糊或者馅料中调味。 **橙汁**

白兰地 一般常用酒精浓度较低的白兰地，可以加入点心中调味。

二、蛋糕制作的工具

打蛋盆

一般用不锈钢的盆，大小合适即可。

打蛋器

搅拌液体时使用。

小刮板

刮面糊时使用。

电动搅拌器

用于更为方便快速地打发奶油、蛋液或者蛋清。

纸杯模具

做杯子蛋糕必备的纸杯模具，有各种花型，可以挑选不同的款式。

电磁炉

加热工具。在煮牛奶或者融化黄油时使用。

网筛

用来把颗粒较粗的粉类筛细，使制作的蛋糕口感更好。

量杯

量杯用来称量材料，更为方便快捷。

电子秤

可以精准地称量材料，最好使用可以精确到克的电子秤。

烤箱

制作蛋糕必备的加工工具。

三、蛋糕制作的要点

1.食材的选择

　　制作蛋糕时只有选择相应的食材，并搭配适当的制作方式，才能烘烤出美味的蛋糕。

　　如果制作蛋糕需要的食材无法取得，可以用同等属性的材料替换。如，葡萄干可以换成蔓越莓干，榛果粉可以换成杏仁粉等。

2. 制作前的准备工作

制作前首先要准备好需要的材料。其次，要称量好所需材料的重量，而且称量要准确，这样做出来的蛋糕才会比较美味。

3. 烘烤的方式

烘烤蛋糕之前，首先要把烤箱预热，这样成品才会受热均匀。

烘烤时要根据模具的大小来调整烘烤的时间和温度的高低。烘烤结束后，蛋糕要即刻出炉，不可以用余温继续焖，否则水分会流失过多，影响口感。

四、蛋糕制作的注意事项

杯子蛋糕的制作成功率很高，所以在制作时大可以放手去做，不需要太过担心，如果是初次接触烘焙的新手，只要针对下面 4 点多加留意，就可以轻松地避免可能发生的失误了。

1. 筛匀粉类材料

过筛除了可以把粉类材料中的杂质、粗颗粒去掉，并且让质地变松之外，对于同时添加多种粉类材料的蛋糕，还有预先把材料混合均匀的好处。这样可以缩短面糊的搅拌时间，避免泡打粉或小苏打粉混合不均匀，造成膨胀不均。如果能在过筛之前先将粉类材料稍微混合，再利用过筛的动作使材料充分地混合均匀，如此一来就可以使搅拌面糊的过程更轻松、快速地完成。

2. 不要搅拌过久

杯子蛋糕一般是靠泡打粉和小苏打粉帮助面糊发酵和膨胀，因为没有经过长时间的自然发酵，所以膨胀力有限。如果在搅拌时过分打发，会使有限的膨胀力降低，同时面糊也会出筋，使膨胀更加困难。无法膨胀的蛋糕在烘烤时就会呈现收缩的状况，质地异常紧密。

3. 奶油须软化或隔水融化

　　奶油必须冷藏保存，而刚从冰箱取出的奶油质地很
硬，温度也过低，不但不容易和其他材料拌匀，也会因
为温度过低而使油水混合更为困难，所以开始制作之前
必须先将奶油处理至适合的状态。不同的做法适合不同
状态的奶油。基本拌和法适合液态的奶油，所以需要先
隔水加热。而其他拌和法则只要将奶油放在室温中充分
软化即可，也可以先切成小片以缩短软化的时间。

4. 不要装填过满

　　蛋糕面糊会在烘烤时膨胀，装填时要注意保持高度
一致，外形才会漂亮。此外也不能装太满，最多以不超过
八分满为原则，否则当面糊开始膨胀而外皮还没有定形
时，过多的面糊就会向四周流出来，而不是正常的向上发
展成圆顶状。这样不但不好看，也会因为杯中的面糊份
量变少，烘烤时间会相对过久，使蛋糕表面过于脆硬。

五、塔派的区别

1. 塔类

　　基本塔面团是混合了低筋面粉、蛋及奶油，经充分搓揉后制作而成的。根
据制作方法及材料的不同，可以分成基本酥面团和甜酥面团。不添加细砂糖，
将切成小块的奶油揉搓至低筋面粉中，是基本酥面团；加入了细砂糖，与柔软
的奶油揉搓而成的，是甜酥面团。不管哪一种面团最后都是放入塔模中烘烤，
作为塔类或馅饼类糕点的基底使用。

2. 基本塔类制作

材料

塔皮

A	低筋面粉	80 克
	高筋面粉	80 克
	泡打粉	7 克
	盐	少量
B	玉米油	50 克
	枫糖浆	100 克
	豆浆	150 克
	香草豆	1/4 根
	（或香草精	1 茶匙）

馅料

低筋面粉	50 克
高筋面粉	50 克
杏仁（稍微烤过切碎）	50 克
肉豆蔻	少许
盐	少量
色拉油	50 克
枫糖浆	50 克
肉桂粉	少许

做法

1 制作馅料。将馅料的材料放入盆中，用打蛋器拌匀后，加入色拉油，用叉子充分搅拌混合，使油和粉类融合在一起。再加入枫糖浆，用叉子搅拌，做成柔软的面糊。盖上保鲜膜放入冰箱冷藏备用。

2 制作塔皮。将材料 A 筛入盆中，用刮刀搅拌混合。

3 放入材料 B 混合拌匀，要注意不要搅拌过度。

4 将做法 3 倒入烤模里。

5 将馅料从冰箱取出，用手揉碎后均匀地撒在做法 4 上。然后将烤模放入以180℃预热好的烤箱里，烘烤 30 分钟左右。用竹签刺戳，若没有面糊沾黏即可取出，放到网架上冷却。

3. 派类

　　派面团混合了低筋面粉和奶油，将面团推擀开呈薄且重叠的状态，产生多层的口感。以高温烘烤面团时，蒸气融化奶油，使空气能够进入各层面团间，让面团因膨胀而产生酥脆的口感。

4. 基本派类制作

材料

派皮		调味酱	
低筋面粉	200 克	鸡蛋	1 个
盐	少量	牛奶	50 毫升
蛋黄	1 个	鲜奶油	50 毫升
水	1 汤匙	盐、胡椒粉	少许
无盐黄油	100 克	（将调味酱的材料充分搅拌均匀后，放好备用）	

做法

1　将低筋面粉和盐混合后过筛到盆里。

2　将面粉中间按压成凹状，倒入已经加水搅拌好的蛋黄液。

3　在加入蛋黄液的位置继续加入已经融化的无盐黄油。

4　将做法 3 搅拌成团状，最好能剩下点面粉。如果无法形成团状，再加入 1 汤匙水，用刮刀搅拌均匀即可。

5　将搅拌好的面团放在保鲜膜的中间位置。揉成约 2 厘米厚的圆球，放入冰箱冷藏 30 分钟。

6　将冷藏过的面团取出，放在桌面上，在其表面铺一张同等大小的保鲜膜，用擀面棍按照从上到下的顺序擀压。每擀 45° 转一圈，使面团整体保持同样的厚度。（如果面团已经变软或者不成形，可把面团再次放入冰箱，直到面团的硬度恢复适中。要是擀的过程中面饼溢出，可把多余的面饼拢到中间，再用擀面棍将面饼摊平即可。）

7　将擀好的面饼放入模具中。

8　用指尖轻轻地按压面饼，一定要让面饼完全贴在模具上。

9　为防止烘烤过程中面饼底部鼓起，可用叉子或小刀在面饼底部扎上气孔，起到透气的作用。

10　在面饼表面铺一张烤箱专用油纸，在上面放上豆子或金属片，再放入 180℃ 的烤箱里烘烤约 15 分钟。然后将油纸和豆子取出，单独对面饼进行烘烤，时间约为 5 分钟。

11　烘烤好后趁热在面饼表皮涂上一层蛋黄，其目的是为了防止水果酱、奶油之类的液体渗入表皮，影响口感。

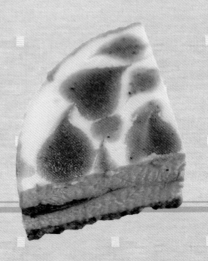

六、蛋糕、塔派制作 Q&A

Q 材料中的奶油可以用色拉油取代吗?

色拉油本身不具有香味,无法达到加分的作用,但是以色拉油制作蛋糕可以直接使用,不需要软化或融化等麻烦的步骤,而且即使经过冷藏也不会变硬,可以使蛋糕维持柔软度,只是吃起来会比较有油腻感。

Q 使用白砂糖和使用糖粉有何不同?

在作用上,使用糖粉和使用白砂糖并没有不同。但是因为杯子面糊最好能缩短搅拌的时间,所以使用更容易融化混合的糖粉会比使用颗粒较粗的白砂糖好一些。否则为了配合面糊搅拌的时间,白砂糖通常无法完全融化,使蛋糕吃起来带有砂糖颗粒,甜度也会因此不足。

Q 蛋糕应该冷藏还是在室温中保存?

做好的蛋糕如果不能在 2～3 天吃完,就应该放到冰箱冷藏,其实蛋糕是冷食热食都适合的点心,所以冷藏后直接吃或是稍微放在室温中回温再吃,味道都很不错,若是喜欢香味浓郁一点,当然是再加热过比较好,可以直接放到烤箱中低温烘烤 3 分钟左右,或是加盖利用微波炉加热。

海绵蛋糕 16 款

桂花海绵蛋糕

做法

1 将色拉油和牛奶混合加热至 60℃ 备用。

2 将全蛋打散，加入细砂糖。

3 打发做法 2 的蛋液至乳白色备用。

4 加入过筛的低筋面粉，拌匀至无颗粒状。

5 加入做法 1 的材料，轻轻拌匀成面糊。

6 加入干桂花，稍微拌和。

7 将做法 6 的面糊倒入未抹油的烤模中，再放入提前预热至 170℃ 的烤箱中，烤 30~35 分钟。出炉后要立刻连同模具倒扣在凉架上，防止蛋糕收缩塌陷。

材料

全蛋	2 个	色拉油	1 汤匙
细砂糖	50 克	牛奶	1 汤匙
低筋面粉	40 克	干桂花	1 汤匙

海绵蛋糕

做法

1 将全蛋打散，加入细砂糖。

2 打发做法 1 的蛋液至乳白色备用。

3 低筋面粉过筛备用。

4 将色拉油和牛奶混合加热至 60℃ 备用。

5 将低筋面粉加入做法 2 中，拌匀至无颗粒状。

6 加入做法 4 的材料，轻轻拌匀成面糊。

7 将做法 6 的面糊倒入未抹油的烤模中，再放入提前预热至 170℃ 的烤箱中，烤 30~35 分钟。出炉后要立刻连同模具倒扣在凉架上，防止蛋糕收缩塌陷。

材料

全蛋	2 个
细砂糖	50 克
低筋面粉	40 克
色拉油	1 汤匙
牛奶	1 汤匙

红葱酥海绵蛋糕

1个6寸
圆形模具

做法

1 将无盐黄油和牛奶混合加热至60℃备用。

2 将全蛋打散，加入细砂糖，打发至乳白色备用。

3 加入过筛的低筋面粉，拌匀至无颗粒状。

4 加入做法1的材料轻轻拌匀成面糊。

5 加入红葱酥稍微拌和。

6 将做法5的面糊倒入未抹油的烤模中，再放入提前预热至170℃的烤箱中，烤30~35分钟。出炉后要立刻连同模具倒扣在凉架上，防止蛋糕收缩塌陷。

材料

全蛋	2个	无盐黄油	15克
细砂糖	50克	牛奶	15克
低筋面粉	40克	红葱酥	30克

胡萝卜海绵蛋糕

做法

1个6寸
圆形模具

1 将蒸熟的胡萝卜切成丁备用。

2 将色拉油和牛奶混合加热至60℃备用。

3 将全蛋打散，加入细砂糖。

4 打发做法3的蛋液至乳白色备用。

5 加入过筛的低筋面粉，拌匀至无颗粒状。

6 加入做法2的材料，轻轻拌匀成面糊。

7 加入胡萝卜丁稍微拌和。

8 将做法7的面糊倒入未抹油的烤模中，再放入提前预热至170℃的烤箱中，烤30~35分钟。出炉后要立刻连同模具倒扣在凉架上，防止蛋糕收缩塌陷。

材料

全蛋	2个
细砂糖	50克
低筋面粉	40克
色拉油	1汤匙
牛奶	1汤匙
胡萝卜（蒸熟）	100克

可可海绵蛋糕

做法

1 将牛奶加热至 60℃ 后加入可可粉拌匀。

2 将全蛋打散，加入细砂糖，

3 打发做法 2 的蛋液至乳白色备用。

4 加入过筛的低筋面粉和泡打粉。

5 加入做法 1 的材料拌匀。

6 加入色拉油轻轻拌匀成面糊。

7 将做法 6 的面糊倒入未抹油的烤模中，再放入提前预热至 170℃ 的烤箱中，烤 30~35 分钟。出炉后要立刻连同模具倒扣在凉架上，防止蛋糕收缩塌陷。

材料

全蛋	2 个	色拉油	25 克
细砂糖	60 克	牛奶	30 克
低筋面粉	40 克	可可粉	10 克
泡打粉	1 克		

咖啡海绵蛋糕

做法

1 将牛奶煮沸后冲入咖啡粉拌匀。

2 将色拉油加入做法 1 中拌匀备用。

3 将全蛋打散，加入细砂糖。

4 打发做法 3 的蛋液至乳白色备用。

5 加入过筛的低筋面粉，拌匀至无颗粒状。

6 加入做法 2 的材料。

7 将做法 6 的材料混合，轻轻拌匀成面糊。

8 将做法 7 的面糊倒入未抹油的烤模中，再放入提前预热至 170℃ 的烤箱中，烤 30~35 分钟。出炉后要连同模具倒扣在凉架上，防止蛋糕收缩塌陷。

材料

全蛋	2 个
细砂糖	75 克
低筋面粉	50 克
咖啡粉	1 茶匙
色拉油	20 克
牛奶	20 克

玫瑰海绵蛋糕

1个6寸
圆形模具

做法

1 将玫瑰花瓣掰开备用。

2 将色拉油和牛奶混合加热至60℃，备用。

3 将全蛋打散，加入细砂糖。

4 打发做法3的蛋液至乳白色，直至提起打蛋器有明显痕迹。

5 加入过筛的低筋面粉，拌匀至无颗粒状。

6 加入做法2的材料轻轻拌匀成面糊。

7 加入玫瑰花瓣稍微拌和。

8 将做法7的面糊倒入未抹油的烤模中，再放入提前预热至170℃的烤箱中，烤30~35分钟。出炉后要立刻连同模具倒扣在凉架上，防止蛋糕收缩塌陷。

材料

全蛋	2个	色拉油	1汤匙
细砂糖	60克	牛奶	1汤匙
低筋面粉	40克	玫瑰花瓣	10克

蜜豆海绵蛋糕

做法

1个6寸
圆形模具

1 将色拉油和牛奶混合加热至60℃，备用。

2 将蜜红豆裹上分量外的低筋面粉，然后用滤网筛掉多余的面粉，备用。

3 将全蛋打散，加入细砂糖。

4 打发做法3的蛋液至乳白色，直至提起打蛋器有明显痕迹。

5 加入过筛的低筋面粉，拌匀至无颗粒状。

6 加入做法1的材料，轻轻拌匀成面糊。

7 加入蜜红豆稍微拌和。

8 将做法7的面糊倒入未抹油的烤模中，再放入提前预热至170℃的烤箱中，烤30~35分钟。出炉后要立刻连同模具倒扣在凉架上，防止蛋糕收缩塌陷。

材料

全蛋	2个
细砂糖	60克
低筋面粉	40克
色拉油	1汤匙
牛奶	1汤匙
蜜红豆	60克

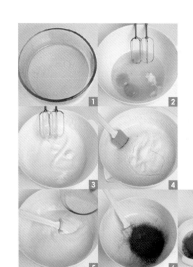

1个6寸
圆形模具

双色海绵蛋糕

材料

全蛋	2 个	牛奶	1 汤匙
细砂糖	50 克	抹茶粉	1 茶匙
低筋面粉	40 克	可可粉	1 茶匙
色拉油	1 汤匙		

做法

1 将色拉油和牛奶混合加热至 60℃，备用。

2 将全蛋打散，加入细砂糖。

3 打发做法 2 的蛋液至乳白色备用。

4 加入过筛的低筋面粉，拌匀至无颗粒状。

5 加入做法 1 的材料，轻轻拌匀成面糊。

6 将做法 5 的面糊分成 2 份，一份加入可可粉拌匀。

7 另一份面糊加入抹茶粉拌匀。

8 将做法 6 和做法 7 的面糊倒入未抹油的烤模中。

9 用刮刀稍微搅拌。

10 放入提前预热至 170℃的烤箱中，烤 30~35 分钟。出炉后要立刻连同模具倒扣在凉架上，防止蛋糕收缩塌陷。

香蕉海绵蛋糕

1个6寸
圆形模具

做法

1 将香蕉压成泥。

2 加入色拉油拌匀，备用。

3 将全蛋打散，加入细砂糖。

4 打发做法3的蛋液至乳白色备用。

5 加入过筛的低筋面粉，拌匀至无颗粒状。

6 将做法2的材料倒入盆中，加入1/3量做法5的面糊，搅拌均匀。

7 将做法6倒入做法5中轻轻拌匀成面糊。

8 将做法7的面糊倒入未抹油的烤模中，再放入提前预热至170℃的烤箱中，烤30~35分钟。出炉后要立刻连同模具倒扣在凉架上，防止蛋糕收缩塌陷。

材料

全蛋	2个	色拉油	1汤匙
细砂糖	50克	香蕉（去皮）	80克
低筋面粉	40克		

杏桃干海绵蛋糕

1个6寸
圆形模具

做法

1 将杏桃干切碎后裹上分量外的低筋面粉，然后用滤网筛掉多余的面粉，备用。

2 将色拉油和牛奶混合加热至60℃，备用。

3 将全蛋打散加入细砂糖。

4 打发做法3的蛋液至乳白色，直至提起打蛋器有明显痕迹。

5 加入过筛的低筋面粉，拌匀至无颗粒状。

6 加入做法2的材料轻轻拌匀成面糊。

7 加入做法1的杏桃干稍微拌和。

8 将做法7的面糊倒入未抹油的烤模中，再放入提前预热至170℃的烤箱中，烤30~35分钟。出炉后要立刻连同模具倒扣在凉架上，防止蛋糕收缩塌陷。

材料

全蛋	2个
细砂糖	60克
低筋面粉	40克
色拉油	1汤匙
牛奶	1汤匙
杏桃干	60克

杏仁海绵蛋糕 1个6寸 圆形模具

做法

1 将色拉油和牛奶混合加热至 60℃，备用。

2 将全蛋打散，加入细砂糖。

3 打发做法 2 的蛋液至乳白色备用。

4 将低筋面粉和杏仁粉混合过筛后加入做法 3 中，拌匀。

5 加入做法 1 的材料，轻轻拌匀成面糊。

6 将做法 5 的面糊倒入未抹油的烤模中，再放入提前预热至 170℃的烤箱中，烤 30~35 分钟。出炉后要立刻连同模具倒扣在凉架上，防止蛋糕收缩塌陷。

材料

全蛋	2 个	杏仁粉	20 克
细砂糖	50 克	色拉油	1 汤匙
低筋面粉	30 克	牛奶	1 汤匙

椰丝海绵蛋糕

做法

1个6寸 圆形模具

1 将色拉油和牛奶混合加热至 60℃备用。

2 将全蛋打散，加入细砂糖。

3 打发做法 2 的蛋液至乳白色备用。

4 将低筋面粉过筛后加入做法 3 中，拌匀。

5 加入做法 1 的材料，轻轻拌匀成面糊。

6 加入椰丝稍微拌和。

7 将做法 6 的面糊倒入未抹油的烤模中，再放入提前预热至 170℃的烤箱中，烤 30~35 分钟。出炉后要立刻连同模具倒扣在凉架上，防止蛋糕收缩塌陷。

材料

全蛋	2 个
细砂糖	50 克
低筋面粉	30 克
椰丝	30 克
色拉油	1 汤匙
牛奶	1 汤匙

1个6寸 圆形模具 鹰嘴豆葡萄干海绵蛋糕

做法

1. 将无盐黄油和牛奶混合加热至60℃备用。
2. 将鹰嘴豆和葡萄干裹上分量外的低筋面粉，然后用滤网筛掉多余的面粉，备用。
3. 将全蛋打散，加入细砂糖。
4. 打发做法3的蛋液至乳白色，直至提起打蛋器会有明显的痕迹。
5. 加入过筛的低筋面粉，拌匀至无颗粒状。
6. 加入做法1的材料轻轻拌匀成面糊。
7. 加入做法2的鹰嘴豆、葡萄干稍微拌和。
8. 将做法7的面糊倒入未抹油的烤模中，再放入提前预热至170℃的烤箱中，烤30~35分钟。出炉后要立刻连同模具倒扣在凉架上，防止蛋糕收缩塌陷。

材料

全蛋	2个	牛奶	15克
细砂糖	50克	鹰嘴豆	30克
低筋面粉	40克	葡萄干	30克
无盐黄油	15克		

芝麻海绵蛋糕

做法

1. 将色拉油和牛奶混合加热至60℃备用。
2. 将全蛋打散，加入细砂糖。
3. 打发做法2的蛋液至乳白色，直至提起打蛋器有明显痕迹。
4. 加入过筛的低筋面粉，拌匀至无颗粒状。
5. 加入做法1的材料轻轻拌匀成面糊。
6. 加入熟黑芝麻稍微拌和。
7. 将做法6的面糊倒入未抹油的烤模中，再放入提前预热至170℃的烤箱中，烤30~35分钟。出炉后要立刻连同模具倒扣在凉架上，防止蛋糕收缩塌陷。

1个6寸 圆形模具

材料

全蛋	2个
细砂糖	60克
低筋面粉	40克
色拉油	1汤匙
牛奶	1汤匙
熟黑芝麻	15克

紫薯海绵蛋糕

材料

全蛋	2 个	牛奶	15 克
细砂糖	50 克	紫薯（蒸熟去皮）	60 克
低筋面粉	40 克		
无盐黄油	15 克		

做法

1 将无盐黄油和牛奶混合加热至 60℃备用。

2 将蒸熟的紫薯去皮后切成丁。

3 将紫薯丁裹上分量外的低筋面粉，然后用滤网筛掉多余的面粉，备用。

4 将全蛋打散，加入细砂糖。

5 打发做法 4 的蛋液至乳白色，直至提起打蛋器会有明显的痕迹。

6 加入过筛的低筋面粉拌匀至无颗粒状。

7 加入做法 1 的材料轻轻拌匀成面糊。

8 加入紫薯丁稍微拌和。

9 将做法 8 的面糊倒入未抹油的烤模中，再放入提前预热至 170℃的烤箱中，烤 30~35 分钟。出炉后要立刻连同模具倒扣在凉架上，防止蛋糕收缩塌陷。

豆腐戚风蛋糕

17 厘米型

材料

蛋黄	3 个	色拉油	40 克
蛋清	4 个	低筋面粉	80 克
白砂糖	70 克	绢豆腐	120 克

做法

1 盆中放入绢豆腐，用打蛋器搅碎。

2 加入 1/3 分量的白砂糖，混拌均匀。

3 加入蛋黄继续搅拌。

4 将色拉油分次少量地加入，混合拌匀。

5 加入过筛的低筋面粉混合拌匀。待粉块消失，变得光滑柔润后，蛋黄面糊便完成。

6 另取一盆，将蛋清打至起泡后，分 3 次加入剩余的砂糖。持续打发至搅拌器竖起能拉出尖角后，蛋白霜便完成。

7 将 1/3 分量的蛋白霜加入蛋黄面糊中，用打蛋器将全体调和混拌。

8 加入剩下的蛋白霜，快速搅拌均匀（不要搅破气泡）。

9 将做法 8 的材料倒入模具内，用刮刀整平表面，再轻敲模具消除面糊间空隙。

10 放入提前预热至180℃的烤箱里烘烤30分钟左右，烤到蛋糕用竹签刺不沾黏为止。烤好后立刻取出，倒扣冷却。

小贴士

豆腐建议用质地细致的绢豆腐，不必挤干水分直接加入面糊中。此外，由于豆腐会出水，所以蛋黄面糊中不另外加水。

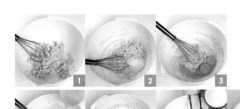

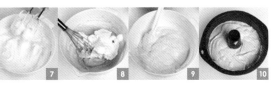

椰香班兰戚风蛋糕

17 厘米型

材料

蛋黄	3 个	班兰精	1 茶匙
蛋清	4 个	椰粉	20 克
白砂糖	70 克	色拉油	40 克
椰浆	50 克	低筋面粉	50 克

做法

准备：椰浆、色拉油隔水加热至人体体温（30～40℃）。

椰粉、低筋面粉过筛2次，使用前可再过筛一次。

1　将蛋黄打散，加入 1/3 分量的白砂糖，搅拌到呈淡黄色。

2　加入椰浆、色拉油、班兰精拌和。

3　加入过筛的粉类拌匀。

4　另取一盘，将蛋清打至起泡后，分 3 次加入剩余的白砂糖。

5　将做法 4 的蛋液持续打发至搅拌器竖起后有立角般的硬度为止，蛋白霜便完成。

6　将 1/3 打发的蛋白霜加入做法 3 中稍微搅拌一下。

7　加入剩下的 2/3 蛋白霜，搅拌均匀。

8　将做法 7 的材料倒入模具内，用刮刀整平表面，再轻敲模具消除面糊间的空隙。放入提前预热至 170℃ 的烤箱里烘烤 25 分钟左右，烤到蛋糕用竹签刺不沾黏为止。烤好后立刻取出倒扣冷却。

黑麦葡萄干戚风蛋糕

17 厘米型

材料

蛋黄	3 个	水	50 克
蛋清	4 个	低筋面粉	20 克
白砂糖	60 克	黑麦粉	60 克
色拉油	40 克	葡萄干	60 克

做法

准备：低筋面粉、黑麦粉混合过筛备用。

1 将葡萄干裹上分量外的低筋面粉，用筛过滤掉多余的面粉备用。

2 将蛋黄打散，加入 1/3 分量的白砂糖混拌均匀。

3 将色拉油分次少量地加入混合，再加入水搅拌均匀。

4 加入过筛的粉类混合拌匀。待粉块消失，变得光滑柔润后，蛋黄面糊便完成。

5 另取一盆，将蛋清打至起泡后，分 3 次加入剩余的白砂糖。

6 将做法 5 的蛋液持续打发至搅拌器竖起后能拉出尖角，蛋白霜便完成。

7 将 1/3 打发的蛋白霜加入做法 4 的蛋黄面糊中，用打蛋器将其混拌，再加入剩下的 2/3 蛋白霜，快速搅拌均匀（不要搅破气泡）。

8 将裹上低筋面粉的葡萄干加入，用刮刀略微混合。

9 将做法 8 的材料倒入模具内，用刮刀整平表面，再轻敲模具消除面糊间的空隙。放入提前预热至 180℃的烤箱里烘烤 30 分钟左右，烤到蛋糕用竹签刺不沾黏为止。烤好后立刻取出倒扣冷却。

黑糖番薯戚风蛋糕

17 厘米型

材料

番薯	100 克	色拉油	50 克
蛋黄	3 个	水	50 克
蛋清	4 个	低筋面粉	80 克
黑糖（粉末）40 克		熟黑芝麻	20 克
白砂糖	30 克		

做法

1 番薯蒸熟后连皮切成小块备用。

2 盆中放入蛋黄，分次加入黑糖混拌。

3 将色拉油分次少量地加入混合，加入水混拌均匀。

4 加入过筛的低筋面粉，搅拌至润滑。

5 加入番薯块和熟黑芝麻，用打蛋器将番薯稍微捣碎并混合均匀。

6 另取一盆，将蛋清打至起泡后，分 3 次加入白砂糖，持续打发至搅拌器竖起后能拉出尖角，蛋白霜便完成。

7 将 1/3 打发的蛋白霜加入做法 5 的面糊中，用打蛋器将其混拌。

8 加入剩下的 2/3 蛋白霜，快速搅拌均匀（不要搅破气泡）。

9 将做法 8 的材料倒入模具内，用刮刀整平表面，再轻敲模具消除面糊间的空隙。放入提前预热至 180℃的烤箱里烘烤 30 分钟左右，烤到蛋糕用竹签刺不沾黏为止。烤好后立刻取出倒扣冷却。

17厘米型

红豆抹茶戚风蛋糕

材料

蛋黄	3个	水	60克
蛋清	4个	低筋面粉	80克
白砂糖	60克	抹茶粉	10克
色拉油	50克	蜜红豆	50克

做法

准备：蜜红豆裹上分量外的低筋面粉，用筛风过滤掉多余的面粉备用。

1　将低筋面粉、抹茶粉混合过筛备用。

2　将蛋黄打散，加入 1/3 分量的白砂糖混拌均匀。

3　将色拉油分次少量地加入做法 2 中混合。

4　加入水搅拌均匀。

5　加入过筛的粉类混合拌匀。待粉块消失，变得光滑柔润后，蛋黄面糊便完成。

6　另取一盆，将蛋清打至起泡后，分 3 次加入剩余的白砂糖。

7　将做法 6 的蛋液持续打发至搅拌器竖起后能拉出尖角，蛋白霜便完成。

8　将 1/3 打发的蛋白霜加入做法 5 的蛋黄面糊中，用打蛋器将其混拌。

9　加入剩下的 2/3 蛋白霜，快速搅拌均匀（不要搅破气泡）。

10　加入裹上低筋面粉的蜜红豆，用刮刀略微混合。

11　将做法10的材料倒入模具内，用刮刀整平表面，再轻敲模具消除面糊间的空隙。放入提前预热至180℃的烤箱里烘烤30分钟左右，烤到蛋糕用竹签刺不沾黏为止。烤好后立刻取出倒扣冷却。

黑芝麻戚风蛋糕

做法

1 将蛋黄打散，加入 1/3 分量的白砂糖搅拌成淡黄色。

2 加入黑芝麻粉。

3 加入水、色拉油、芝麻油拌和。

4 加入过筛 2 次的低筋面粉拌匀备用。

5 另取一盘，将蛋清打至起泡后，分 3 次加入剩余的白砂糖。

6 将做法 5 的蛋液持续打发至搅拌器竖起后有立角般的硬度为止，蛋白霜便完成。

7 将 1/3 打发的蛋白霜加入做法 4 略搅拌一下，再加入剩下的 2/3 蛋白霜搅拌均匀。倒入圆形模具内，用刮刀整平表面，再轻敲模具消除面糊间的空隙。放入提前预热至 170℃ 的烤箱里烘烤 25 分钟左右，烤到蛋糕用竹签刺不沾黏为止。烤好后立刻取出倒扣冷却。

材料			
蛋黄	3 个	色拉油	20 克
蛋清	4 个	芝麻油	20 克
白砂糖	70 克	黑芝麻粉	20 克
水	60 克	低筋面粉	50 克

牛奶戚风蛋糕

17 厘米型

做法

准备：低筋面粉和脱脂奶粉混合过筛备用。

1 将蛋清打入盆中，加入柠檬汁。

2 将蛋清打至起泡后，分 3 次加入细砂糖。

3 将做法 2 的蛋液持续打发至搅拌器竖起能拉出尖角后，蛋白霜便完成。

4 分 2 次加入混合过后的低筋面粉和脱脂奶粉，用刮刀混拌均匀（不要搅破气泡）。

5 加入牛奶，用刮刀快速搅拌均匀。

6 将做法 5 的材料倒入模具内，用刮刀整平表面，再轻敲模具消除面糊间的空隙。放入提前预热至 180℃ 的烤箱里烘烤 30 分钟左右，烤到蛋糕用竹签刺不沾黏为止。烤好后立刻取出倒扣冷却。

材料	
蛋清	2 个
细砂糖	50 克
低筋面粉	40 克
脱脂奶粉	15 克
牛奶	15 克
柠檬汁	少量

17 厘米型

红豆戚风蛋糕

材料

蛋黄	3 个	色拉油	20 克
蛋清	4 个	芝麻油	20 克
白砂糖	70 克	黑芝麻粉	20 克
水	60 克	低筋面粉	50 克
红豆	50 克		

做法

1. 盆中放入蛋黄打散，依次加入色拉油和水搅拌，
2. 加入红豆粒馅混拌均匀。
3. 加入过筛的低筋面粉混合拌匀。待粉块消失，变得光滑柔润后，蛋黄面糊便完成。
4. 另取一盆，将蛋清打至起泡后，分 3 次加入白砂糖。
5. 将做法 4 的蛋液持续打发至搅拌器竖起后能拉出尖角，蛋白霜便完成。
6. 将 1/3 打发的蛋白霜加入做法 3 的蛋黄面糊中，用打蛋器将其混拌。再加入剩下的 2/3 蛋白霜，快速搅拌均匀（不要搅破气泡）。
7. 将做法 6 的材料倒入模具内，用刮刀整平表面，再轻敲模具消除面糊间的空隙。放入提前预热至 180℃ 的烤箱里烘烤 30 分钟左右，烤到蛋糕用竹签刺不沾黏为止。烤好后立刻取出倒扣冷却。

17 厘米型

焦糖戚风蛋糕

材料

焦糖浆	60 克	水	30 克
蛋黄	3 个	色拉油	40 克
蛋清	4 个	低筋面粉	80 克
白砂糖	50 克		

做法

1　将蛋黄打散，加入 1/3 分量的白砂糖混拌均匀。

2　将色拉油分次少量地加入混合。

3　加入焦糖浆继续搅拌，再加入水后混匀。

4　加入过筛的低筋面粉混合拌匀。

5　待粉块消失，变得光滑柔润后，蛋黄面糊便完成。

6　另取一盆，将蛋清打至起泡后，分 3 次加入剩余的白砂糖。

7　将做法 6 的蛋液持续打发至搅拌器竖起能拉出尖角，蛋白霜便完成。

8　将 1/3 打发的蛋白霜加入蛋黄面糊中，用打蛋器将其混拌。

9　加入剩下的 2/3 蛋白霜，快速搅拌均匀（不要搅破气泡）。

10　将做法9的材料倒入模具内，用刮刀整平表面，再轻敲模具消除面糊间的空隙。放入提前预热至180℃的烤箱里烘烤30分钟左右，烤到蛋糕用竹签刺不沾黏为止。烤好后立刻取出，倒扣冷却。

蓝莓戚风蛋糕

17 厘米型

材料

蛋黄	3 个	低筋面粉	80 克
蛋清	4 个	蓝莓酱	60 克
白砂糖	40 克	蓝莓干	50 克
色拉油	40 克		

做法

准备：蓝莓干裹上薄薄一层分量外的低筋面粉，用筛网过滤掉多余的面粉。

1 将蛋黄打散，加入蓝莓酱混拌均匀。

2 将色拉油分次少量地加入混合，加入过筛的低筋面粉混合拌匀。待粉块消失，变得光滑柔润后，蛋黄面糊便完成。

3 另取一盆，将蛋清打至起泡后，分 3 次加入白砂糖。

4 将做法 3 的蛋液持续打发至搅拌器竖起能拉出尖角，蛋白霜便完成。

5 将 1/3 打发的蛋白霜加入做法 2 的蛋黄面糊中，用打蛋器将其混拌。

6 加入剩下的 2/3 蛋白霜，快速搅拌均匀（不要搅破气泡）。

7 加入裹上低筋面粉的蓝莓干，用刮刀轻轻混拌。

8 将做法 7 的材料倒入模具内，用刮刀整平表面，再轻敲模具消除面糊间的空隙。放入提前预热至 180℃的烤箱里烘烤 30 分钟左右，烤到蛋糕用竹签刺不沾黏为止。烤好后立刻取出，倒扣冷却。

龙眼桂花戚风蛋糕

17 厘米型

材料

蛋黄	3 个	低筋面粉	70 克
蛋清	4 个		
白砂糖	50 克	**龙眼桂花蜜汁**	
龙眼桂花蜜汁	50 克	龙眼干	100 克
白兰地	1 茶匙	干桂花（桂花酱）	少许
龙眼干	40 克	水	150 克
色拉油	40 克		

做法

准备：龙眼桂花蜜汁和色拉油隔水加热至人体体温（30~40℃），龙眼干切丁备用。

1 制作龙眼桂花蜜汁。将龙眼干加入水煮开，再放入少许干桂花拌和后过滤备用。

2 将蛋黄打散，加入 1/3 分量的白砂糖搅拌成淡黄色。

3 加入龙眼桂花蜜汁、白兰地拌和。

4 加入色拉油拌和。

5 加入过筛的低筋面粉拌匀。

6 另取一盘，将蛋清打至起泡后，分 3 次加入剩余的白砂糖。持续打发至搅拌器竖起后有立角般的硬度为止，蛋白霜便完成。

7 将 1/3 打发的蛋白霜加入做法 5 中稍微搅拌一下。

8 加入剩下的 2/3 蛋白霜搅拌均匀。

9 加入 40 克龙眼干轻轻拌和。

10 将做法9的材料倒入模具内，用刮刀整平表面，再轻敲模具消除面糊间的空隙。放入提前预热至170℃的烤箱里烘烤25分钟左右，烤到蛋糕用竹签刺不沾黏为止。烤好后立刻取出，倒扣冷却。

蔓越莓酸奶戚风蛋糕

17 厘米型

材料

蛋黄	3 个	柠檬汁	1 茶匙
蛋清	4 个	原味酸奶	80 克
白砂糖	60 克	低筋面粉	80 克
色拉油	40 克	蔓越莓干	60 克

做法

准备：蔓越莓干切成小块，裹上分量外的低筋面粉，用筛网过滤掉多余的面粉。

1 将蛋黄打散，加入 1/3 分量的白砂糖混拌均匀。

2 将色拉油分次少量地加入混合。

3 加入柠檬汁。

4 加入酸奶后继续搅拌混合。

5 加入过筛的低筋面粉，混合拌匀。

6 待粉块消失，变得光滑柔润后，蛋黄面糊便完成。

7 另取一盆，将蛋清打至起泡后，分 3 次加入剩余的白砂糖。

8 将做法 7 的蛋液持续打发至搅拌器竖起能拉出尖角，蛋白霜便完成。

9 将 1/3 打发的蛋白霜加入做法 6 的蛋黄面糊中，用打蛋器将其混拌。再加入剩下的 2/3 蛋白霜，快速搅拌均匀（不要搅破气泡）。

10 将裹上低筋面粉的蔓越莓干加入，用刮刀略微混合。

11 将做法10的材料倒入模具内，用刮刀整平表面，再轻敲模具消除面糊间的空隙。

12 放入提前预热至180℃的烤箱里烘烤30分钟左右，烤到蛋糕用竹签刺不沾黏为止。烤好后立刻取出，倒扣冷却。

17 厘米型

玫瑰戚风蛋糕

材料

蛋黄	3 个	玫瑰水	30 克
蛋清	4 个	色拉油	50 克
白砂糖	40 克	低筋面粉	80 克
玫瑰花瓣酱	40 克	玫瑰花茶	2 汤匙

做法

1 盆中放入蛋黄和玫瑰花瓣酱，用打蛋器搅拌混合。

2 将色拉油分次少量地加入混合。

3 加玫瑰水后继续搅拌。

4 加入过筛的低筋面粉混合拌匀。待粉块消失，变得光滑柔润后，蛋黄面糊便完成。

5 另取一盆，将蛋清打至起泡后，分 3 次加入白砂糖。持续打发至搅拌器竖起后能拉出尖角，蛋白霜便完成。

6 将 1/3 打发的蛋白霜加入做法 4 的蛋黄面糊中，用打蛋器将其混拌。

7 加入剩下的 2/3 蛋白霜，快速搅拌均匀（不要搅破气泡）。

8 加入玫瑰花茶，用刮刀稍微混拌。

9 将做法 8 的材料倒入模具内，用刮刀整平表面，再轻敲模具消除面糊间的空隙。放入提前预热至 180℃ 的烤箱里烘烤 30 分钟左右，烤到蛋糕用竹签刺不沾黏为止。烤好后立刻取出，倒扣冷却。

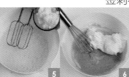

17 厘米型

皇家奶茶戚风蛋糕

材料

红茶茶叶 A	1 汤匙	蛋清	4 个
红茶茶叶 B	1 汤匙	白砂糖	70 克
水	30 克	色拉油	40 克
牛奶	90 克	低筋面粉	80 克
蛋黄	3 个		

做法

1 红茶茶叶 B 捣碎备用。

2 锅中放入水煮沸，倒入红茶茶叶 A 后熄火，盖上锅盖闷 3 分钟。加入牛奶，再度开火煮沸后，用小火煮 2 ～ 3 分钟。

3 将做法 2 用滤网过滤，茶叶用汤匙按压挤出汁液，用量杯量取 60 克的分量（汁液太多可稍微熬煮让汁液收干，太少则加入牛奶）。放置一旁冷却备用。

4 将蛋黄打散，加入 1/3 分量的白砂糖混拌均匀。

5 将色拉油分次少量地加入混合。

6 加入做法 3 的红茶汁液后继续搅拌。

7 加入做法 1 的红茶末。

8 加入过筛的低筋面粉混合拌匀。

9 另取一盆，将蛋白打至起泡后，分 3 次加入剩余的白砂糖。持续打发至搅拌器竖起能拉出尖角，蛋白霜便完成。

10 将 1/3 打发的蛋白霜加入做法 8 的面糊中，用打蛋器将其混拌。

11 加入剩下的 2/3 蛋白霜，快速搅拌均匀（不要搅破气泡）。倒入模具内，用刮刀整平表面，再轻敲模具消除面糊间的空隙。放入提前预热至 180℃的烤箱里烘烤 30 分钟左右，烤到蛋糕用竹签刺不沾黏为止。烤好后立刻取出倒扣冷却。

小贴士

红茶茶叶的种类可随个人喜好使用。建议用具有强烈茶香味的。

南瓜戚风蛋糕

17 厘米型

材料

南瓜（去皮去籽）		水	40 克
	100 克	色拉油	50 克
牛奶	1~2 汤匙	低筋面粉	70 克
蛋黄	3 个	肉桂粉	1/2 茶匙
蛋清	4 个	南瓜籽	适量
白砂糖	70 克		

做法

准备：低筋面粉和肉桂粉过筛备用。

1 将南瓜切成小块，放入耐热容器里盖上保鲜膜，微波高火加热2~3分钟，直到可以用竹签穿透的程度。

2 将南瓜趁热放入盆中，用打蛋器压碎，加入牛奶搅拌成泥状（牛奶的量视南瓜的状态调整）。

3 加入蛋黄打散，加入 1/3 分量的白砂糖混拌均匀。

4 将色拉油分次少量地加入混合，加水后继续搅拌。

5 加入过筛的粉类，混合拌匀。待粉块消失，变得光滑柔润后，蛋黄面糊便完成。

6 另取一盆，将蛋清打至起泡后，分 3 次加入剩余的白砂糖。

7 将做法 6 的蛋液持续打发至搅拌器竖起能拉出尖角，蛋白霜便完成。

8 将 1/3 打发的蛋白霜加入做法 5 的蛋黄面糊中，用打蛋器将其混拌。

9 加入剩下的 2/3 蛋白霜，快速搅拌均匀（不要搅破气泡）。

10 将做法9的材料倒入模具内，用刮刀整平表面，再轻敲模具消除面糊间的空隙。

11 在做法10的表面撒上南瓜籽，放入提前预热至180℃的烤箱里烘烤30分钟左右，烤到蛋糕用竹签刺不沾黏为止。烤好后立刻取出，倒扣冷却。

帕马森乳酪戚风蛋糕

17 厘米型

材料

蛋黄	3 个	色拉油	40 克
蛋清	4 个	低筋面粉	70 克
白砂糖	60 克	帕马森乳酪粉	50 克
牛奶	75 克	匈牙利红椒粉	适量

做法

准备：低筋面粉和帕马森乳酪粉混合过筛备用。

1 将牛奶、色拉油隔水加热至人体体温 (30 ~ 40℃) 备用。

2 将蛋黄打散，加入 1/3 分量的白砂糖混拌均匀。

3 加入做法 1 的材料混合。

4 加入过筛的粉类混合拌匀。待粉块消失，变得光滑柔润后，蛋黄面糊便完成。

5 另取一盆，将蛋清打至起泡后，分 3 次加入剩余的白砂糖。

6 将做法 5 的蛋液持续打发至搅拌器竖起能拉出尖角，蛋白霜便完成。

7 将 1/3 打发的蛋白霜加入做法 4 的蛋黄面糊中，用打蛋器将其混拌。

8 加入剩下的 2/3 蛋白霜，快速搅拌均匀（不要搅破气泡）。

9 将做法 8 的材料倒入模具内，用刮刀整平表面，再轻敲模具消除面糊间的空隙。

10 在做法9的表面撒上适量红椒粉，放入提前预热至180℃的烤箱里烘烤30分钟左右，烤到蛋糕用竹签刺不沾黏为止。烤好后立刻取出，倒扣冷却。

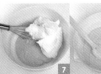

柠檬乳酪戚风蛋糕

材料

奶油奶酪	100 克	柠檬汁	15 克
蛋黄	3 个	柠檬皮末	1/2 茶匙
蛋清	5 个	色拉油	15 克
白砂糖	70 克	低筋面粉	80 克
牛奶	45 克	泡打粉	1/2 茶匙

做法

准备：奶油奶酪放置室温回软，低筋面粉和泡打粉混合过筛备用。

1　将柠檬皮擦成碎末，柠檬汁挤入碗中。

2　将室温回软的奶油奶酪放入盆中，用打蛋器搅拌。

3　加入 1/3 分量的白砂糖混拌均匀。

4　将蛋黄分次少量地加入，混合搅拌。

5　分次加入色拉油。

6　加入柠檬汁。

7　加入牛奶。

8　加入柠檬皮末混拌。

9　加入过筛的粉类混合拌匀。待粉块消失，变得光滑柔润后，蛋黄面糊便完成。

10　另取一盆，将蛋清打至起泡后，分3次加入剩余的白砂糖。

11　将做法10的蛋液持续打发至搅拌器竖起能拉出尖角，蛋白霜便完成。

12　将1/3打发的蛋白霜加入做法9的蛋黄面糊中，用打蛋器将其混拌。

13　加入剩下的2/3蛋白霜，快速搅拌均匀（不要搅破气泡）。

14　将做法13的材料倒入模具内，用刮刀整平表面，再轻敲模具消除面糊间的空隙。放入提前预热至180℃的烤箱里烘烤30分钟左右，烤到蛋糕用竹签刺不沾黏为止。烤好后立刻取出，倒扣冷却。

花生戚风蛋糕

17 厘米型

做法

1 将花生酱、牛奶和色拉油隔水加热至人体体温（30～40℃）备用。
2 将蛋黄打散，加入 1/3 分量的白砂糖，搅拌成淡黄色。
3 加入做法 1 的混合物。
4 加入过筛 2 次的低筋面粉拌匀。
5 另取一盘，将蛋清打至起泡后，分 3 次加入剩余的白砂糖。
6 将做法 5 的蛋液持续打发至搅拌器竖起后有立角般的硬度为止，蛋白霜便完成。
7 将 1/3 打发的蛋白霜加入做法 4 中稍微搅拌一下。
8 加入剩下的 2/3 蛋白霜，搅拌均匀。
9 将做法 8 的材料倒入模具内，用刮刀整平表面，再轻敲模具消除面糊间空隙。放入提前预热至 170℃的烤箱里烘烤 25 分钟左右，烤到蛋糕用竹签刺不沾黏为止。烤好后立刻取出，倒扣冷却。

材料

蛋黄	3 个
蛋清	5 个
白砂糖	70 克
牛奶	50 克
色拉油	40 克
低筋面粉	70 克
有颗粒花生酱	60 克

米粉戚风蛋糕

17 厘米型

做法

1 将蛋黄打散，加入 1/3 分量的白砂糖混拌均匀。
2 将色拉油分次少量地加入混合，加水后继续搅拌。
3 加入过筛的米粉混合拌匀。待粉块消失，变得光滑柔润后，蛋黄面糊便完成。
4 另取一盆，将蛋清打至起泡后，分 3 次加入剩余的白砂糖。
5 将做法 4 的蛋液持续打发至搅拌器竖起后能拉出尖角，蛋白霜便完成。
6 将 1/3 打发的蛋白霜加入做法 3 的蛋黄面糊中，用打蛋器将其混拌。
7 加入剩下的 2/3 蛋白霜，快速搅拌均匀（不要搅破气泡）。
8 将做法 7 的材料倒入模具内，用刮刀整平表面，再轻敲模具消除面糊间的空隙。放入提前预热至 180℃的烤箱里烘烤 30 分钟左右，烤到蛋糕用竹签刺不沾黏为止。烤好后立刻取出，倒扣冷却。

材料

蛋黄	3 个	水	50 克
蛋清	4 个	色拉油	50 克
白砂糖	70 克	米粉	80 克

松子戚风蛋糕

17 厘米型

材料

蛋黄	3 个	色拉油	40 克
蛋清	5 个	香草精	少许
白砂糖	70 克	低筋面粉	70 克
水	50 克	松子	80 克

做法

1 将松子放入烤箱，以 150℃烤 10 ~ 12 分钟备用。

2 将水、色拉油隔水加热至人体体温（30 ~ 40℃）备用。

3 将蛋黄打散，加入 1/3 分量的白砂糖，搅拌到成淡黄色。

4 加入做法 2 中水、色拉油的混合物，再加入香草精拌和。

5 加入过筛 2 次的低筋面粉拌匀。

6 另取一盘，将蛋清打至起泡后，分 3 次加入剩余的白砂糖。

7 将做法 6 的蛋液持续打发至搅拌器竖起后有立角般的硬度为止，蛋白霜便完成。

8 将 1/3 打发的蛋白霜加入做法5中，稍微搅拌一下。

9 再加入剩下的 2/3 蛋白霜，搅拌均匀。

10 加入1/2量的松子，轻轻拌和。

11 将做法10的材料倒入模具内，用刮刀整平表面，再轻敲模具消除面糊间的空隙。

12 将剩下的松子撒至表面。放入提前预热至170℃的烤箱里烘烤25分钟左右，烤到蛋糕用竹签刺不沾黏为止。烤好后立刻取出，倒扣冷却。

茼蒿戚风蛋糕

17 厘米型

材料

蛋黄	3 个	色拉油	30 克
蛋清	5 个	低筋面粉	80 克
白砂糖	70 克	新鲜茼蒿	60 克
茼蒿原汁	40 克		

做法

1 茼蒿汆烫沥干水分，用食物处理机打碎成汁。

2 将茼蒿汁、色拉油隔水加热至人体体温（30～40℃）。

3 新鲜茼蒿切成约 2 厘米长的段备用。

4 将蛋黄打散，加入 1/3 分量的白砂糖搅拌成淡黄色。

5 加入做法 2 的混合物拌和。

6 加入过筛 2 次的低筋面粉拌匀。

7 另取一盘，将蛋清打至起泡后，分 3 次加入剩余的白砂糖。持续打发至搅拌器竖起后有立角般的硬度为止。

8 将 1/3 打发的蛋白霜加入做法 6 稍微搅拌一下。

9 加入剩下的 2/3 蛋白霜搅拌均匀。

10 加入切碎的新鲜茼蒿轻轻拌和。

11 将做法 10 的材料倒入模具内，用刮刀整平表面，再轻敲模具消除面糊间空隙。放入提前预热至 170℃的烤箱里烘烤 25 分钟左右，烤到蛋糕用竹签刺不沾黏为止。烤好后立刻取出，倒扣冷却。

无花果坚果戚风蛋糕

17 厘米型

材料

蛋黄	3 个	色拉油	50 克
蛋清	4 个	低筋面粉	80 克
白砂糖	70 克	无花果干	60 克
水	10 克	坚果	30 克
朗姆酒	40 克	（核桃仁、杏仁、开心果等）	

做法

1 将无花果干和坚果切碎，裹上分量外的低筋面粉，用滤网筛掉多余的面粉。

2 将蛋黄打散，加入 1/3 分量的白砂糖混拌均匀。

3 将色拉油分次少量地加入混合。

4 加入朗姆酒、水后继续搅拌。

5 加入过筛 2 次的低筋面粉混合拌匀。

6 待粉块消失，变得光滑柔润后，蛋黄面糊便完成。

7 另取一盆，将蛋清打至起泡后，分 3 次加入剩余的白砂糖。

8 将做法 7 的蛋液持续打发至搅拌器竖起后能拉出尖角，蛋白霜便完成。

9 将 1/3 打发的蛋白霜加入做法 6 的蛋黄面糊中，用打蛋器将其混拌。

10 加入剩下的 2/3 蛋白霜，快速搅拌均匀（不要搅破气泡）。

11 加入做法 1 切碎的无花果干和坚果，用刮刀稍微混拌。

12 将做法 11 的材料倒入模具内，用刮刀整平表面，再轻敲模具消除面糊间空隙。放入提前预热至 180℃ 的烤箱里烘烤 30 分钟左右，烤到蛋糕用竹签刺不沾黏为止。烤好后立刻取出，倒扣冷却。

香菜腐乳戚风蛋糕

17 厘米型

材料

蛋黄	3 个	色拉油	40 克
蛋清	5 个	低筋面粉	70 克
白砂糖	70 克	新鲜香菜	40 克
豆腐乳汁	50 克		

（将豆腐乳搅成泥状）

做法

1 将豆腐乳汁、色拉油隔水加热至人体体温（30～40℃）。

2 新鲜香菜切成约 2 厘米长的段备用。

3 将蛋黄打散，加入 1/3 分量的白砂糖搅拌成淡黄色。

4 加入做法 1 的混合物拌和。

5 加入过筛 2 次的低筋面粉拌匀。

6 将粉块消失，变得光滑柔润后，蛋黄面糊便完成。

7 另取一盘，将蛋清打至起泡后，分 3 次加入剩余的白砂糖。持续打发至搅拌器竖起后有立角般的硬度为止。

8 将 1/3 打发的蛋白霜加入做法 6 大致搅拌一下。

9 加入剩下的 2/3 蛋白霜搅拌均匀。

10 加入切碎的新鲜香菜轻轻拌和。

11 将做法 10 的材料倒入模具内，用刮刀整平表面，再轻敲模具消除面糊间空隙。放入提前预热至 170℃ 的烤箱里烘烤 25 分钟左右，烤到蛋糕用竹签刺不沾黏为止。烤好后立刻取出，倒扣冷却。

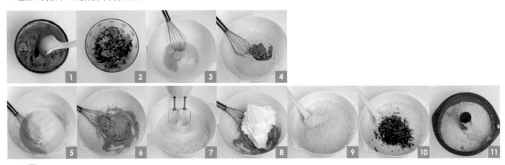

香橙戚风蛋糕

17 厘米型

材料

蛋黄	3 个	橙汁	20 克
蛋清	4 个	色拉油	35 克
白砂糖	70 克	低筋面粉	80 克
橙酱	40 克	君度橙酒 1 茶匙	

做法

1 将蛋黄打散，加入 1/3 分量的白砂糖混拌均匀。

2 将色拉油分次少量地加入混合，再加入君度橙酒和橙汁继续搅拌。

3 加入橙酱混合。

4 加入过筛的低筋面粉混合拌匀。待粉块消失，变得光滑柔润后，蛋黄面糊便完成。

5 另取一盆，将蛋白打至起泡后，分3次加入剩余的白砂糖。

6 将做法 5 的蛋液持续打发至搅拌器竖起后能拉出尖角，蛋白霜便完成。

7 将 1/3 打发的蛋白霜加入蛋黄面糊中，用打蛋器将其混拌。

8 加入剩下的 2/3 蛋白霜，快速搅拌均匀（不要搅破气泡）。

9 将做法 8 的材料倒入模具内，用刮刀整平表面，再轻敲模具消除面糊间的空隙。放入提前预热至180℃的烤箱里烘烤 30 分钟左右，烤到蛋糕用竹签刺不沾黏为止。烤好后立刻取出，倒扣冷却。

香橙乳酪戚风蛋糕

17 厘米型

材料

奶油奶酪	100 克	橙汁	15 克
蛋黄	3 个	橙皮末	1/2 茶匙
蛋清	5 个	色拉油	15 克
白砂糖	70 克	低筋面粉	80 克
牛奶	45 克	泡打粉	1/2 茶匙

做法

准备：奶油奶酪放置室温回软，低筋面粉、泡打粉混合过筛备用。

1 香橙皮擦成碎末，橙汁挤入碗中备用。

2 将室温回软的奶油奶酪放入盆中，用打蛋器搅拌，加入 1/3 分量的白砂糖混拌均匀。

3 将蛋黄分次少量地加入，混合搅拌。

4 分次加入色拉油。

5 加入橙汁。

6 加入牛奶。

7 加入橙皮末混拌。

8 加入过筛的粉类，混合拌匀。待粉块消失，变得光滑柔润后，蛋黄面糊便完成。

9 另取一盆，将蛋清打至起泡后，分 3 次加入剩余的白砂糖。

10 将做法9的蛋液持续打发至搅拌器竖起后能拉出尖角，蛋白霜便完成。

11 将1/3打发的蛋白霜加入做法8的蛋黄面糊中，用打蛋器将其混拌。

12 加入剩下的2/3蛋白霜，快速搅拌均匀（不要搅破气泡）。

13 将做法12的材料倒入模具内，用刮刀整平表面，再轻敲模具消除面糊间的空隙。放入提前预热至180℃的烤箱里烘烤30分钟左右，烤到蛋糕用竹签刺不沾黏为止。烤好后立刻取出，倒扣冷却。

香蕉戚风蛋糕

17 厘米型

材料

香蕉（带皮）	80 克	白砂糖	50 克
牛奶	1 汤匙	色拉油	50 克
蛋黄	3 个	低筋面粉	80 克
蛋清	4 个		

做法

1 将香蕉捣碎，加入牛奶混拌至润滑的状态备用。

2 将蛋黄打散，加入 1/3 分量的白砂糖混拌均匀。

3 将色拉油分次少量地加入混合。

4 加入做法 1 的香蕉，继续搅拌均匀。

5 加入过筛的低筋面粉混合拌匀。

6 待粉块消失，变得光滑柔润后，蛋黄面糊便完成。

7 另取一盆，将蛋清打至起泡后，分 3 次加入剩余的白砂糖。

8 将做法 7 的蛋液持续打发至搅拌器竖起能拉出尖角，蛋白霜便完成。

9 将 1/3 打发的蛋白霜加入做法 6 的蛋黄面糊中，用打蛋器将其混拌。

10 加入剩下的2/3蛋白霜，快速搅拌均匀（不要搅破气泡）。

11 将做法10的材料倒入模具内，用刮刀整平表面，再轻敲模具消除面糊间的空隙。放入提前预热至180℃的烤箱里烘烤30分钟左右，烤到蛋糕用竹签刺不沾黏为止。烤好后立刻取出，倒扣冷却。

香蕉巧克力戚风蛋糕

17 厘米型

材料

香蕉泥	60 克	白砂糖	50 克
牛奶	1 汤匙	色拉油	50 克
蛋黄	3 个	低筋面粉	80 克
蛋清	4 个	巧克力豆	50 克

做法

1 将牛奶和色拉油混合加热至人体体温（30～40℃）备用。

2 将蛋黄打散，加入 1/3 分量的白砂糖混拌均匀。

3 加入做法 1 的材料混合，再加入香蕉泥继续搅拌均匀。

4 加入过筛的低筋面粉，混合拌匀。待粉块消失，变得光滑柔润后，蛋黄面糊便完成。

5 另取一盆，将蛋清打至起泡后，分 3 次加入剩余的白砂糖。持续打发至搅拌器竖起后能拉出尖角，蛋白霜便完成。

6 将 1/3 打发的蛋白霜加入做法 4 的蛋黄面糊中，用打蛋器将其混拌。再加入剩下的 2/3 蛋白霜，快速搅拌均匀（不要搅破气泡）。

7 加入巧克力豆稍微混拌。

8 将做法 7 的材料倒入模具内，用刮刀整平表面，再轻敲模具消除面糊间的空隙。放入提前预热至 180℃ 的烤箱里烘烤 30 分钟左右，烤到蛋糕用竹签刺不沾黏为止。烤好后立刻取出，倒扣冷却。

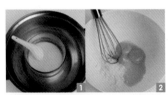

杏仁戚风蛋糕

17 厘米型

材料

蛋黄	3 个	色拉油	50 克
蛋清	4 个	低筋面粉	60 克
白砂糖	60 克	杏仁粉	50 克
水	50 克		

做法

准备：低筋面粉和杏仁粉混合过筛备用。

1 将蛋黄打散，加入 1/3 分量的白砂糖混拌均匀。

2 将色拉油分次少量地加入混合，加水后继续搅拌。

3 加入过筛的粉类混合拌匀。待粉块消失，变得光滑柔润后，蛋黄面糊便完成。

4 另取一盆，将蛋清打至起泡后，分 3 次加入剩余的白砂糖。

5 将做法 4 的蛋液持续打发至搅拌器竖起后能拉出尖角，蛋白霜便完成。

6 将 1/3 打发的蛋白霜加入做法 3 的蛋黄面糊中，用打蛋器将其混拌。

7 加入剩下的 2/3 蛋白霜，快速搅拌均匀（不要搅破气泡）。

8 将做法 7 的材料倒入模具内，用刮刀整平表面，再轻敲模具消除面糊间的空隙。放入提前预热至 180℃ 的烤箱里烘烤 30 分钟左右，烤到蛋糕用竹签刺不沾黏为止。烤好后立刻取出，倒扣冷却。

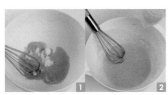

17 厘米型

原味戚风蛋糕

材料

蛋黄	3 个	水	50 克
蛋清	4 个	色拉油	40 克
白砂糖	70 克	低筋面粉	80 克

做法

1 将蛋黄打散，加入 1/3 分量的白砂糖混拌均匀。

2 将色拉油分次少量地加入混合。

3 加水后继续搅拌。

4 加入过筛 2 次的低筋面粉混合拌匀。

5 待粉块消失，变得光滑柔润后，蛋黄面糊便完成。

6 另取一盆，将蛋清打至起泡后，分 3 次加入剩余的白砂糖。

7 将做法 6 的蛋液持续打发至搅拌器竖起后能拉出尖角，蛋白霜便完成。

8 将 1/3 打发的蛋白霜加入做法 5 的蛋黄面糊中，用打蛋器将其混拌。

9 加入剩下的 2/3 蛋白霜，快速搅拌均匀（不要搅破气泡）。

10 将做法9的材料倒入模具内，用刮刀整平表面，再轻敲模具消除面糊间的空隙。放入提前预热至180℃的烤箱里烘烤30分钟左右，烤到蛋糕用竹签刺不沾黏为止。烤好后立刻取出，倒扣冷却。

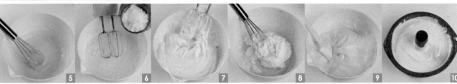

紫薯胡萝卜戚风蛋糕

17 厘米型

材料

紫薯	80 克	白砂糖	60 克
胡萝卜	80 克	水	40 克
牛奶	1~2 汤匙	色拉油	50 克
蛋黄	3 个	低筋面粉	70 克
蛋清	4 个		

做法

1 将紫薯蒸熟去皮切成条，胡萝卜蒸熟切成条。

2 将牛奶和色拉油加热至人体体温（30~40℃）备用。

3 将蛋黄打散，加入 1/3 分量的白砂糖混拌均匀。

4 加入做法 2 的材料混合，再加入水混拌。

5 加入过筛的低筋面粉混合拌匀。待粉块消失，变得光滑柔润后，蛋黄面糊便完成。

6 另取一盆，将蛋清打至起泡后，分 3 次加入剩余的白砂糖。

7 将做法 6 的蛋液持续打发至搅拌器竖起能拉出尖角，蛋白霜便完成。

8 将 1/3 打发的蛋白霜加入做法 5 的蛋黄面糊中，用打蛋器将其混拌。

9 加入剩下的 2/3 蛋白霜，快速搅拌均匀（不要搅破气泡）。

10 加入紫薯条、胡萝卜条，稍微混拌。

11 将做法 10 的材料倒入模具内，用刮刀整平表面，再轻敲模具消除面糊间的空隙。放入提前预热至180℃的烤箱里烘烤30分钟左右，烤到蛋糕用竹签刺不沾黏为止。烤好后立刻取出，倒扣冷却。

紫薯戚风蛋糕

17 厘米型

材料

紫薯	100 克	白砂糖	60 克
牛奶	1~2 汤匙	水	40 克
蛋黄	3 个	色拉油	50 克
蛋清	4 个	低筋面粉	80 克

做法

1 将紫薯蒸熟去皮切成丁。

2 将紫薯丁趁热放入盆中，用打蛋器压碎，加入牛奶搅拌成泥状。（牛奶的量视紫薯的状态调整。）

3 加入蛋黄打散，加入 1/3 分量的白砂糖混拌均匀。

4 加入色拉油混合，再加入水混拌。

5 加入过筛的低筋面粉混合拌匀。待粉块消失，变得光滑柔润后，蛋黄面糊便完成。

6 另取一盆，将蛋清打至起泡后，分 3 次加入剩余的白砂糖。

7 将做法 6 的蛋液持续打发至搅拌器竖起后能拉出尖角，蛋白霜便完成。

8 将 1/3 打发的蛋白霜加入做法 5 的蛋黄面糊中，用打蛋器将其混拌。

9 加入剩下的 2/3 蛋白霜，快速搅拌均匀不要搅破气泡。

10 将做法9的材料倒入模具内，用刮刀整平表面，再轻敲模具消除面糊间的空隙。放入提前预热至180℃的烤箱里烘烤30分钟左右，烤到蛋糕用竹签刺不沾黏为止。烤好后立刻取出，倒扣冷却。

乳酪蛋糕 ×12款

菠菜舒芙里乳酪蛋糕

材料

菠菜	40克	蛋清	2个
牛奶	10克	白砂糖	50克
奶油奶酪（已过筛）		低筋面粉	30克
	120克	柠檬汁	1茶匙
蛋黄	1个	盐	1/3茶匙

做法

准备：在模具底部包上铝箔纸，烤箱预热至180℃。

1 将菠菜切段，用热水余烫后，与牛奶一起放进食物料理机，搅打成泥状备用。（若没有食物料理机，菠菜的水分不必绞太干，可放在滤网上过滤，再混入牛奶。）

2 将奶油奶酪放入盆中，用打蛋器慢慢搅拌。

3 依次加入盐、蛋黄、柠檬汁、低筋面粉和做法1的菠菜泥。

4 每加入一种材料都必须搅拌均匀。

5 将蛋清放入另一盆中，打发成7分起泡的蛋白霜，再将白砂糖分成2~3次加入，继续打发至蛋白霜可以拉出角锥状竖立的软硬度为止。

6 将蛋白霜分成3次加入做法4中并用塑胶刮刀搅拌均匀。

7 将做法6的材料倒入模具中，放入烤箱，并在烤盘里注入约1厘米高的热水，以180℃烤30分钟，烤至表面变金黄色，再将温度降到160℃，继续烘烤30分钟（随时注意烤盘里的水，若烤干了可再加水）。待冷却后，将整个模具放进冰箱冷藏2~3小时。最后用柠檬切片做装饰即可。

草莓甜心

材料

A 草莓泥		鲜奶油	200 毫升
草莓（洗净去蒂）		白砂糖	50 克
	200 克	吉利丁片	5 克
细砂糖	50 克	水	2 汤匙
柠檬汁	1 茶匙	柠檬汁	1 茶匙
吉利丁片	5 克	香草精	少许
水	1 汤匙	C 底层	
B 乳酪糊		无盐黄油	50 克
奶油奶酪	250 克	全麦饼干	80 克
原味酸奶	200 克		

做法

准备：

① 将奶油奶酪用保鲜膜包裹，放进微波炉，以低温加热4～5分钟，使其软化。

② 将两份吉利丁片加入水里泡胀待用。

1 制作蛋糕底层。将压碎的全麦饼干加入融化的无盐黄油中拌匀。

2 将做法1放入模具底部，压平。放入冰箱冷藏定型。

3 将草莓洗净擦干水分，放入搅拌机中搅打成泥状。

4 将做法3放入加热锅中，加入细砂糖和柠檬汁，用中火加热至沸腾后熄火，再加入泡胀的吉利丁片，使其溶解，草莓泥便完成。

5 将奶油奶酪放入盆里，用打蛋器慢慢搅拌。

6 依序加入白砂糖、柠檬汁、香草精、酸奶和1/2量的鲜奶油，每加入一种材料都必须搅拌均匀。

7 将剩余的鲜奶油加热至沸腾，再加入泡胀的吉利丁片，使其溶解在热鲜奶油中。

8 将做法7加入做法6中，并用打蛋器搅拌均匀。

9 用滤网过滤，乳酪糊便完成。

10 将1/2量的乳酪糊倒入模具中。

11 加入2/3分量的草莓泥，接着把剩余的乳酪糊全部加入。

12 将乳酪糊抹平。

13 用汤匙挖取剩下的草莓泥，一点一点地添加在乳酪糊上，做出数个小圆点，并用竹签从中间划开，形成一个个心形的图案。最后，放进冰箱冷藏4个小时以上，使其凝固。

简易热烤式芒果乳酪蛋糕

材料

全麦饼干	50克	全蛋	2个
无盐黄油	20克	低筋面粉	30克
奶油奶酪	130克	大芒果	1个
酸奶油	100克		
鲜奶油	100克		
细砂糖	40克		

小贴士

每加入一种材料都要搅拌均匀。作为主体的奶油奶酪必须搅拌至柔滑状，之后每加入一种材料都要充分地搅拌乳酪馅，这一点相当重要。若搅拌不够均匀，乳酪馅就会出现颗粒，烘烤之后会影响蛋糕的口感。

做法

准备：

① 将奶油奶酪加热到室温，待软化后备用。

② 将全麦饼干放到塑胶袋中，用擀面棍压成碎末备用。

③ 将鲜奶油融化。

④ 将烤箱预热至170℃。

1 将压碎的饼干与无盐黄油混合均匀。

2 将做法1倒入烤模中压紧铺平。盖上保鲜膜后放入冰箱冷藏硬化。

3 将奶油奶酪搅拌成柔滑的奶霜状。

4 加入细砂糖搅拌。

5 将打散的蛋液分3~4次倒入，搅拌均匀。

6 以过筛方式加入低筋面粉，从底部向上翻搅均匀。

7 加入鲜奶油。

8 加入酸奶油搅拌均匀。

9 将做法8用滤网过滤，乳酪馅便完成。

10 将芒果去皮去核，切成丁状。

11 将芒果丁加入做法9的乳酪馅中拌匀。

12 将乳酪馅倒入烤模中，轻摇晃动烤模使表面平整，放进烤箱以170℃烘烤后，将整个烤模取出。待冷却后，即可将乳酪蛋糕脱模取出。

材料

A 糖渍柳橙片		B 乳酪糊	
细砂糖	50克	奶油奶酪	100克
水	100克	含盐奶油	90克
新鲜柳橙	10片	细砂糖	50克
		全蛋	90克
		泡打粉	2克
		低筋面粉	100克
		糖渍柳橙片	50克

1 个直径 15 厘米、高 4.5 厘米的圆形模具

柳橙奶油乳酪蛋糕

小贴士

1 蛋糕做好后，最好等完全冷却或冷藏一下再切片，比较不易松散。

2 柳橙片也可以待蛋糕表面略烤上色后，再放至蛋糕表面，以防止过焦。

做法

1 将细砂糖、水及柳橙片以小火熬煮，直至水分快收干（约10分钟蜜渍入味，待凉即可）。

2 将奶油奶酪、含盐奶油、细砂糖搅拌均匀至颜色变白、质地呈绒毛状态。

3 将蛋略打散，分次慢慢地加入做法2中。

4 搅拌均匀。

5 将低筋面粉、泡打粉混合过筛均匀，加入做法4搅拌均匀。

6 加入切碎的糖渍柳橙片略混拌。

7 将做法6的材料倒入模具内至约八分满。

8 表面铺上糖渍柳橙片，放入已预热的烤箱，以165℃、中间层烘烤45~50分钟。

冷藏式草莓乳酪蛋糕

1 个直径 15 厘米、高 4.5 厘米的模具

小贴士

1. 因为硬度不同的材料很难混合均匀，所以要先取少量酸奶，加入吉利丁混匀后，再倒回剩余的奶油奶酪中。
2. 鲜奶油要打发至刚刚好的硬度才能加入。
3. 先使用打蛋器来混合材料，搅打均匀，之后为了防止过度打发，请改用橡皮刮刀来搅拌。
4. 定型至少要冷藏3小时，若能冷藏一个晚上更佳，可使吉利丁凝固地更稳定。

材料

A 底层		B 乳酪糊	
杂粮饼干	40 克	奶油奶酪	130 克
细砂糖	1 茶匙	细砂糖	15 克
奶油（或牛油） 20 克		香草豆荚	1/4 支
		吉利丁片	3 克
		原味酸奶（或酸奶油）	
			30 克
		鲜奶油	150 毫升
		柠檬汁	1 汤匙
		新鲜草莓	适量
		草莓果酱	2 汤匙

做法

准备：

① 奶油奶酪放置室温下回温备用；材料A奶油使用前先放入微波炉融化。

② 香草豆荚纵向切开，用刀刮出香草籽备用。

③ 吉利丁片浸泡入冷水软化，用保鲜膜包裹，放入冰箱冷藏备用。

④ 新鲜草莓洗净沥干水分。

1. 将杂粮饼干放入较厚的保鲜袋中，用擀面棍碾碎。也可将饼干放在砧板上，用刀切碎。

2. 在盆中放入做法1，再加入细砂糖和融化的奶油混合均匀。

3. 在模具底部倒入做法2，均匀地按压平整，放入冰箱冷藏定型。

4. 将材料B鲜奶油打发至6~7分发，备用。

5. 将泡软的吉利丁片放入酸奶中，用微波炉或隔水方式加热至吉利丁片完全溶解。

6. 将吉利丁与酸奶混合均匀。

7. 另取一个盆，放入奶油奶酪，用打蛋器搅拌成乳霜状，再依次加入细砂糖、香草豆荚的香草籽，混合均匀。

8. 取少量的做法7，加入做法6中混合均匀。

9. 将做法8倒回做法7的搅拌盆中拌匀。

10. 将做法4打发的鲜奶油分3次加入搅拌盆中。

11. 混合均匀。

12. 加入柠檬汁拌匀。

13. 加入草莓果酱拌匀。

14. 将铺有饼干底的模具从冰箱取出，用刮刀将1/2量的乳酪糊填入模具中。

15. 在做法14的表面放上新鲜的草莓。

16. 加入剩下的乳酪糊，用汤匙背面将表面整平。放入冰箱冷藏室至少3小时至冷却定型。

冷藏式乳酪蛋糕（原味）

材料

A 底层

杂粮饼干	40克
细砂糖	1茶匙
奶油（或牛油）	20克

B 乳酪糊

奶油奶酪	130克
细砂糖	15克
香草豆荚	1/4支
吉利丁片	3克
原味酸奶	
（或酸奶油）	30克
鲜奶油	150毫升
柠檬汁	1汤匙

做法

准备：

① 奶油奶酪放置室温下回温备用；材料A 奶油使用前先放入微波炉融化。

② 香草豆荚纵向切开，用刀刮出香草籽 备用。

③ 吉利丁片浸泡入冷水软化，用保鲜膜包裹，放入冰箱冷藏备用。

小贴士

1 因为硬度不同的材料很难混合均匀，所以要先取少量酸奶，加入吉利丁混匀后，再倒回剩余的奶油奶酪中。

2 鲜奶油要打发至刚刚好的硬度才能加入。

3 先使用打蛋器来混合材料，搅打均匀，之后为了防止过度打发，请改用橡皮刮刀来搅拌。

4 定型至少要冷藏3小时，若能冷藏一个晚上更佳，可使吉利丁凝固地更稳定。

1 将杂粮饼干放入较厚的保鲜袋中，用擀面棍碾碎。也可将饼干放在砧板上，用刀子切碎。

2 在盆中放入做法1，再加入细砂糖和融化的奶油混合均匀。

3 在模具底部倒入做法2，均匀地按压平整，放入冰箱冷藏定型。

4 将鲜奶油打发至6~7分发，备用。

5 将泡软的吉利丁片放入酸奶中，用微波炉或隔水方式加热至吉利丁片完全溶解。

6 将吉利丁与酸奶混合均匀。

7 另取一个盆，放入奶油奶酪，用打蛋器搅拌成乳霜状，再依次加入细砂糖、香草豆荚的香草籽，混合均匀。

8 取少量的做法7，加入做法6中混合均匀。

9 将做法8倒回做法7的搅拌盆中拌匀。

10 将做法4打发的鲜奶油分3次加入搅拌盆中。

11 混合均匀。

12 加入柠檬汁拌匀。

13 将铺有饼干底的模具从冰箱取出，用刮刀将乳酪糊填入模具中。用汤匙背面将表面整平。放入冰箱冷藏室至少3小时至冷却定型。

抹茶轻乳酪蛋糕

1个直径15厘米、高4.5厘米的圆形模具

材料

奶油奶酪	120克	蛋黄	45克
鲜奶	80克	蛋清	80克
含盐奶油	40克	细砂糖	30克
低筋面粉	30克	塔塔粉	1克
抹茶粉	7克	盐	1克
玉米淀粉	20克		

做法

1 将鲜奶、含盐奶油、奶油奶酪放入容器内,以中小火隔水加热至融化(约60℃)备用。

2 将低筋面粉、玉米淀粉、抹茶粉混合过筛。

3 将做法2加入做法1中拌匀。

4 加入蛋黄,搅拌均匀。

5 蛋清中加入盐、塔塔粉,先搅打至有纹路(约5分打发),再分次加入细砂糖继续搅打至湿性发泡(8~9分打发)状态。

6 将打发的蛋清加入做法4中混合拌匀即可。

7 将拌好的做法6倒入模具内。将模具放至高约0.5厘米已倒满水的烤盘,放入预热至180℃的烤箱的中上层,烤约70分钟。

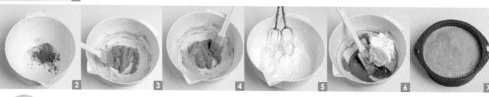

柠檬舒芙里乳酪蛋糕

1个直径15
厘米的圆形
模具

材料

奶油奶酪（已过筛）		蛋清	2个
	30克	白砂糖	50克
柠檬	1个	低筋面粉	25克
牛奶	70克	柠檬汁	1汤匙
蛋黄	2个	香草油	少许

做法

准备：

① 柠檬皮磨成细末，柠檬汁挤入碗中。

② 在模具底部包上2层铝箔纸，烤箱预热至220℃。

1 将奶油奶酪放入盆中，用打蛋器慢慢搅拌。

2 依次加入柠檬汁、香草油和柠檬皮。

3 加入蛋黄。

4 接着加入低筋面粉、牛奶，每加入一种材料都必须搅拌均匀。

5 将蛋清放入另一盆中，打发成7分起泡的蛋白霜，再将白砂糖分2~3次加入，继续打发至蛋白霜可以拉出角锥状竖立的软硬度为止。

6 将做法5分成3次加入做法4中并用塑胶刮刀搅拌均匀。

7 将做法6的材料倒入模具中。

8 将做法7放入烤箱，并在烤盘里注入约1厘米高的热水，以220℃烤15分钟，烤至表面变金黄色，再将温度降到160℃，继续烘烤45分钟（随时注意烤盘里的水，若烤干了可再加水）。待冷却后，将整个模具放进冰箱冷藏2~3个小时。最后将柠檬切片做装饰即可。

1个直径15厘米、高4.5厘米的圆形模具

轻乳酪蛋糕

材料

奶油奶酪	120克	蛋黄	45克
鲜奶油	80克	蛋清	80克
含盐奶油	40克	细砂糖	30克
低筋面粉	30克	塔塔粉	1克
玉米淀粉	20克	盐	1克

做法

1 将鲜奶油、含盐奶油、奶油奶酪放入容器内。

2 以中小火隔水加热至融化（约60℃），备用。

3 将低筋面粉、玉米淀粉混合过筛，加入做法2中拌匀。

4 加入蛋黄，搅拌均匀。

5 蛋清中加入盐、塔塔粉，先搅打至有纹路（约5分发），再分次加入细砂糖继续搅打发至湿性发泡（8~9分发）状态。

6 将打发的蛋清分次加入做法4中。

7 将做法6轻混拌匀。

8 将拌好的做法7倒入模具内。

9 将做法8放入已倒水至高约0.5厘米的烤盘内，烤盘放入已预热至180℃的烤箱的中上层，烤约70分钟。

桑葚海绵乳酪蛋糕

材料

A 蛋糕体		蛋清	90克
奶油奶酪	125克	细砂糖	30克
鲜奶	80克	塔塔粉	2克
无盐黄油	15克	盐	1克
低筋面粉	15克	桑葚	150克
玉米淀粉	15克	B 表面装饰	
蛋黄	20克	乳酪粉	适量
柠檬汁	少许		

做法

1 将鲜奶、无盐黄油、奶油奶酪放入容器内,以中小火隔水加热至融化(约60℃)备用。

2 将低筋面粉、玉米淀粉混合过筛,加入做法1中拌匀。

3 加入蛋黄及柠檬汁,搅拌均匀。

4 蛋清中加入盐、塔塔粉,先搅打至有纹路(约4分发),再分次加入细砂糖继续搅打发至湿性发泡(约8分发)呈勾状状态。

5 将打发的蛋清加入做法3中,轻混拌匀即为蛋糕面糊。

6 将1/2量的面糊倒入模具内。

7 在做法6表面放上1/2量的桑葚。

8 再倒入剩余的面糊。

9 在做法8表面加入剩余的桑葚。放入已预热至180℃的烤箱的中上层,烘烤35~40分钟。取出,倒扣待凉,表面筛上乳酪粉装饰即可。

无花果乳酪蛋糕

1个直径15厘米、高4.5厘米的圆形模具

材料

奶油奶酪	100克	泡打粉	2克
含盐奶油	90克	低筋面粉	100克
细砂糖	50克	无花果干	100克
全蛋	90克		

做法

1 将无花果干用沸水烫过，取1/2量切丁。

2 将奶油奶酪、含盐奶油、细砂糖搅拌均匀至颜色变白，质地呈绒毛状态。

3 将蛋略打散，分成数次慢慢地加入做法2中。

4 将做法3搅拌均匀。

5 将低筋面粉、泡打粉混合均匀过筛，加入做法4搅拌均匀。

6 加入切成丁的无花果干略混拌。

7 将做法6的材料倒入模具内至约八分满。

8 在做法7的表面铺上整颗的无花果。放入已预热的烤箱，以165℃、中间层，烤45~50分钟。

小贴士

1 蛋糕做好后，最好等完全冷却或冷藏一下再切片，比较不会松散掉。

2 无花果干也可以在蛋糕表面略烤上色后再放入，可防止过焦。

香蕉乳酪蛋糕

1个直径15厘米、高4.5厘米的圆形模具

材料

香蕉	2根	白砂糖	50克
低筋面粉	100克	全蛋	1.5个
泡打粉	1茶匙	香草油	少许
无盐黄油	80克	奶油奶酪	80克

做法

准备：
①奶油奶酪放在室温下回软。
②低筋面粉和泡打粉混合过筛。
③在模具里涂上奶油（分量外），铺上烤盘垫纸。

1 将香蕉放入碗中压成泥，奶油奶酪切成2厘米大小的块状备用。
2 将无盐黄油放入盆中，用打蛋器搅拌成乳霜状，并加入白砂糖和香草油拌匀。
3 加入香蕉泥，混合均匀。
4 将蛋打散成蛋液，将1/3量的蛋液和1/3量的粉类材料加入做法3中，用打蛋器混合均匀。
5 同样的做法再重复2次，并搅拌均匀，面糊便完成。
6 将1/2量的面糊倒入模具中。
7 加入1/2量的奶油奶酪块，压进面糊里。
8 将剩余的面糊倒在做法7上。
9 将剩下的奶油奶酪放入，将表面整平后，放进提前预热至180℃的烤箱中烘烤60分钟左右，待完全冷却后，再将蛋糕从模具里取出。

白菜培根塔

塔派 ×33 款

材料

塔皮		调味酱	
粘米粉	100 克	沙拉酱	3 汤匙
杏仁粉	50 克	**馅料**	
盐	适量	白菜	1 棵
水	3 汤匙	培根	适量
酥油	100 克	番茄干	10 个
蛋黄	1 个	橄榄油	1 汤匙
		盐	少许
		胡椒粉	少许

做法

1 制作塔皮

① 将粉类和盐混合后过筛到盆里。

② 将面粉中间按压成凹状，倒入已经加水搅拌好的液体状蛋黄。

③ 在加入蛋黄的位置继续加入已经融化的酥油。

④ 将材料混合搅拌成团状，最好能剩下点面粉。如果无法形成团状，可加入1汤匙水，用刮刀搅拌均匀。

⑤ 将搅拌好的面团放在保鲜膜的中间位置，揉成大约2厘米厚的圆状，放入冰箱冷藏30分钟。

⑥ 将冷藏过的面团取出，放在桌面上，在其表面铺一张同等大小的保鲜膜，用擀面棍按照从上到下的顺序擀压。每45°转一圈，使面团整体保持同样的厚度。（如果面团已经变软或者不成形，请把面团再次放入冰箱，直至面团的硬度恢复适中。如果擀的过程中面饼溢出保鲜膜，请把多余的面饼拢到中间，再用擀面棍将面饼摊平。）

⑦ 将擀好的面饼放入塔模中。

⑧ 将面饼完全贴在模具上，用指尖轻轻按压面饼至完全贴合。

⑨ 为防止烘烤过程中面饼底部鼓起，可用叉子或小刀在面饼底部扎上气孔，起到透气的作用。

⑩ 在面饼表面铺一张烤箱专用油纸，然后在上面放上豆子或金属片，放入180℃的烤箱里烘烤约15分钟。然后将油纸和豆子取出，单独对面饼进行烘烤，时间约为5分钟。

⑪ 烘烤好后趁热在表皮上涂一层蛋黄液（如果做的是鲜果粒蛋塔或奶油口味蛋塔，可在其表面涂一层已经煮融化的白巧克力，防止水果酱、奶油之类的液体渗入表皮，影响口感）。

2 将白菜洗净，根据面饼的大小将白菜切成块状，用保鲜膜包好，放入微波炉中加热2分钟。

3 将培根切成小片，番茄干切成片。

4 在塔皮表面抹上沙拉酱。

5 将白菜和培根交错放在面饼上。

6 撒上番茄干。

7 撒上盐、胡椒粉，加入橄榄油。放入提前预热至180℃的烤箱中烘烤20分钟即可。

1-1　1-2　1-3　1-4　1-5　1-6　1-7　1-8　1-9　1-10　1-11　2　3　4　5　6　7

板栗蛋塔

材料

塔皮		杏仁奶油	
低筋面粉	200 克	黄油	100 克
白砂糖	1 汤匙	绵白糖	30 克
蛋黄	1 个	蛋黄	2 个
无盐黄油	100 克	杏仁粉	100 克
		香草精	少许

馅料	
板栗（煮熟）	8 颗
杏仁片	2 汤匙

做法

1 制作塔皮

① 盆中放入软化的无盐黄油、白砂糖，用刮刀混合至润滑。

② 加入蛋黄混合。

③ 加入过筛的低筋面粉，混合到无干粉。

④ 将面团夹在2片保鲜膜中间。

⑤ 用擀面棍将面团擀成比模具略大的面饼，放入冰箱冷藏20~30分钟冷却。

⑥ 拉开上面的一片保鲜膜，将面饼放入模具内。再拉开另一片保鲜膜，用手指顺着模具把面饼压一压，侧面也要加上压力以确保紧实。

⑦ 将擀面棍沿着模具上边沿滚动，切掉多余的面团。

⑧ 取一个直径为1厘米的圆型金属，等距离地在面饼边上开数个洞（也可用吸管来代替）。用叉子在全体底部均匀地打洞，放入预热到180℃的烤箱内烘烤8分钟。

2 将黄油和绵白糖放入盆中，搅拌成黏稠状。

3 将搅拌好的蛋黄分3次加入并搅拌均匀。

4 加入杏仁粉，然后用打蛋器搅拌均匀。

5 加入香草精，搅拌均匀，杏仁奶油便完成。

6 将1/3量的杏仁奶油装到裱花袋中，挤到面饼上。

7 在做法6的表面放上板栗。

8 将剩下的杏仁奶油挤在做法7上面。

9 撒上杏仁片，放入提前预热到180℃的烤箱里烘烤30分钟即可。

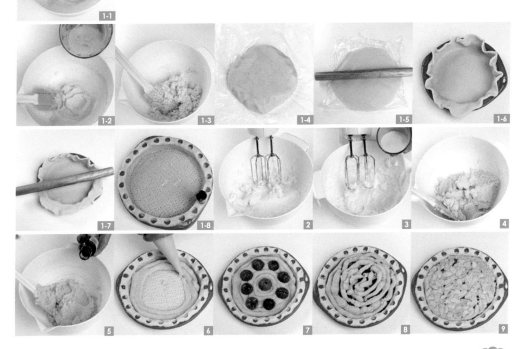

樱桃塔

材料

塔皮		杏仁奶油		
低筋面粉	200 克	**A** 杏仁粉	50 克
盐	适量	低筋面粉	1.5 汤匙
白砂糖	1 汤匙	高筋面粉	1.5 汤匙
蛋黄	1 个	泡打粉	1 茶匙
水	1 汤匙	盐	适量
无盐黄油	100 克	**B** 菜籽油	1.5 汤匙
新鲜樱桃	300 克	枫糖浆	40 克
		豆浆	40 克
		香草精	少许

光亮液

樱桃果酱（无糖）	50 克
樱桃（熟透的，洗净后去蒂切片）	6 个
枫糖浆	2 茶匙
盐	适量

做法

1 **制作塔皮**

　① 将低筋面粉、白砂糖和盐混合后过筛到盆里。

　② 将面粉中间按压成凹状，倒入已经加水搅拌好的蛋黄液。

　③ 在加入蛋黄液的位置继续加入已经融化的无盐黄油。

　④ 将做法1~3搅拌成团状，最好能剩下点面粉。如果无法形成团状，可加入1汤匙水，用刮刀搅拌均匀。

　⑤ 将搅拌好的面团放在保鲜膜的中间位置。

　⑥ 将面团揉成约2厘米厚的圆状，放入冰箱冷藏30分钟。将冷藏过的面团取出，放在桌面上，在其表面铺一张同等大小的保鲜膜，用擀面棍按照从上到下的顺序擀压。每45°转一圈，使面团整体保持同样的厚度。（如果面团已经变软或者不成形，请把面团再次放入冰箱，直到面团的硬度恢复适中。要是擀的过程中面饼溢出，请把多余的面饼拢到中间，再用擀面棍将面饼摊平即可。）

　⑦ 将擀好的面饼放入塔模中。

　⑧ 用指尖轻轻的按压面饼，一定要让面饼完全贴在模具上。

　⑨ 为防止烘烤过程中面饼底部鼓起，可用叉子或小刀在面饼底部扎上气孔，起到透气的作用。

　⑩ 在面饼表面铺一张烤箱专用油纸，在上面放上豆子或金属片，再放入180℃的烤箱里烘烤约15分钟。然后将油纸和豆子取出，单独对面饼进行烘烤，时间约为5分钟。

　⑪ 烘烤好后趁热在面饼表皮上涂一层融化的白巧克力。

2 将杏仁奶油的材料A筛入盆中，混合均匀。

3 加入材料B，再混合均匀。

4 将做法3倒入做法1里，抹平表面。放入以180℃预热好的烤箱里烘烤15~20分钟。用竹签刺戳，如果没有面糊沾黏即可从烤箱取出，放在网架上至完全冷却。

5 将樱桃洗净沥干水分。

6 在烤好冷却的做法4上涂抹樱桃果酱。

7 在做法6的表面摆放上樱桃。

8 将制作好的光亮液（将材料放入锅内加热，沸腾后转小火，一边汤匙背将樱桃压成泥，一边煮1~2分钟，然后用筛网过滤即可）涂在樱桃表面，静置至光亮液凝固（此款樱桃塔做好后现吃最美味）。

冻乳酪蛋塔

材料

塔皮		馅料	
低筋面粉	200 克	奶油奶酪	200 克
盐	适量	白砂糖	30 克
白砂糖	1 汤匙	酸奶	150 克
蛋黄	1 个	鲜奶油	100 克
水	1 汤匙	柠檬汁	1 茶匙
无盐黄油	100 克	吉利丁片	5 克
开心果	30 克	水	2 汤匙
		开心果	适量

做法

1 制作塔皮

① 将低筋面粉、白砂糖和盐混合后过筛到盆里。

② 将面粉中间按压成凹状，倒入已经加水搅拌好的蛋黄液。

③ 在加入蛋黄液的位置继续加入已经融化的无盐黄油。

④ 将做法1-3搅拌成团状，最好能剩下点面粉。如果无法形成团状，可加入1汤匙水，用刮刀搅拌均匀。

⑤ 将搅拌好的面团放在保鲜膜的中间位置。

⑥ 将面团揉成约2厘米厚的圆状，放入冰箱冷藏30分钟。

⑦ 将冷藏好的面团擀成比模具稍大的面饼。

⑧ 把1/2量的开心果随意的撒在面饼上，由于是将面饼摊好后才加开心果，所以很容易定型。用擀面棍擀压面饼，使开心果嵌入面饼当中，然后再将面饼翻过来，重复同样的动作。

⑨ 将擀好的面饼放入塔模中，用指尖轻轻地按压面饼。一定要让面饼完全贴在模具上。为防止烘烤过程中面饼底部鼓起，用叉子或小刀在面饼底部扎上气孔，起到透气的作用。在面饼表面铺一张烤箱专用油纸，然后在上面放上豆子或金属片，放入180℃的烤箱里烘烤约15分钟。然后将油纸和豆子取出，单独对面饼进行烘烤，时间约为5分钟。

⑩ 烘烤好后趁热在面饼表皮上涂一层融化的白巧克力。

2 将吉利丁片放入耐热碗中，用水将其泡开，备用。

3 将解冻好的奶油奶酪放入盆中，搅拌成黏稠状。

4 加入白砂糖搅拌均匀。

5 加入酸奶、鲜奶油以及柠檬汁。

6 将做法5搅拌均匀，用筛子过滤。

7 将装有吉利丁片和水的碗放入微波炉里加热30秒，使之溶解，再加入做法6中，搅拌均匀。

8 将做法7的材料放入面饼里，面饼用较厚的纸包裹后放入冰箱冷却2小时左右，使之变硬。

9 将切碎的开心果撒在做法8的表面作装饰即可。

番薯苹果塔

材料

塔皮

无盐黄油	50克
糖粉	20克
蛋黄	1个
高筋面粉	少许
低筋面粉	100克
杏仁粉	20克
盐	适量

渍苹果

苹果	100克
蔓越莓	15克
核桃（烤过切碎）	15克
白砂糖	1汤匙
奶油	10克
朗姆酒（或苹果酒）	1汤匙

馅料

番薯	100克
奶油奶酪	20克
白巧克力	15克
肉桂粉	少许
牛奶	20克

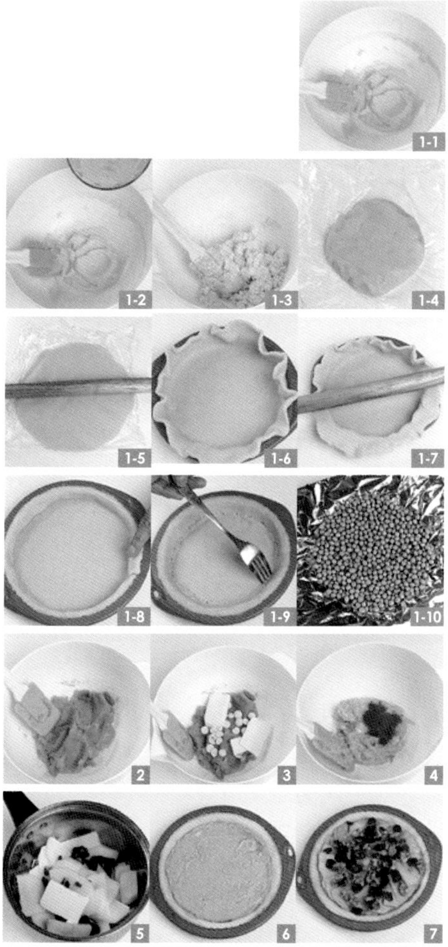

做法

1 制作塔皮

① 将已回软的无盐黄油搅打至没有块状为止。放入过筛的糖粉，搅拌均匀。

② 将室温状态下的蛋黄分2次加入，搅拌至完全混合。

③ 加入过筛的低筋面粉和杏仁粉，进行切压搅拌。

④ 待面团聚成一团时，用保鲜膜包起来，放入冰箱冷藏3小时左右。

⑤ 将面团滚成圆扁状后，铺上高筋面粉作为防黏粉，再用擀面棍擀平。擀至3~5毫米厚，大小比塔模略大一点。

⑥ 将面饼铺到塔模里，轻轻整理塔皮周围，让塔皮呈现宽松的状态。

⑦ 用擀面棍擀掉多余的塔皮。

⑧ 用拇指和食指按压塔皮，让塔皮贴合塔模的底部和侧面。将多余的塔皮用刀再修整一次。

⑨ 用叉子在底部扎孔，以防底部膨胀。

⑩ 在塔皮上铺上烘焙纸，放上烘焙用的豆子（黄豆或大麦）以170℃预热好烤箱，将塔皮放到烤箱烤15分钟左右，取出烘焙纸和烘焙豆后，再烤10分钟。

2 将番薯放在烤箱中烤去水分，接着去皮压成泥。

3 将做法2趁热放入白巧克力和奶油奶酪，搅拌均匀。

4 放入肉桂粉搅拌均匀后，加入牛奶一起搅拌成内馅。

5 将苹果切成薄片，与渍苹果的材料一起搅拌均匀后，放到火上加热，制成渍苹果。

6 将做好的番薯内馅均匀地抹在烤好的塔皮里。

7 在做法6表面铺上渍苹果，整理好外形后，放进以170℃预热好的烤箱中，烘焙25~30分钟。烤好冷却一段时间，可涂上杏桃果胶或光亮液。

番薯乳酪塔

材料

塔皮		馅料	
无盐黄油	80 克	番薯	200 克
白砂糖	7 克	奶油奶酪	200 克
盐	适量	白砂糖	1 汤匙
低筋面粉	100 克	乳酪粉	适量
蛋黄	1 个	蛋	1 个
水	1 茶匙		

做法

1　制作塔皮

① 在食物料理机里放入过筛的低筋面粉、白砂糖和盐。

② 将无盐黄油切成小块后放入。

③ 将做法1-2搅拌至看不到干粉，加入蛋黄与水的混合物一起搅拌。

④ 将做法1-3用手捏揉成团，放置于保鲜膜上。

⑤ 用擀面棍擀面饼比塔模略大一圈，直接放入冰箱冷藏20~30分钟。

⑥ 拉开上面的保鲜膜，将面饼倒入模具内。再拉开另一面保鲜膜，用手指顺着模具把面团压一压，侧面也要加上压力以确保紧实。

⑦ 将擀面棍沿着模具上面滚动，切掉多余的面团。

⑧ 用叉子在底部均匀地打洞，放入预热至180℃的烤箱内烘烤8分钟。

2　制作馅料。将番薯蒸熟去皮，捣成泥状。

3　趁热加入白砂糖和奶油奶酪搅拌均匀。

4　加入打散的蛋液。

5　将做法4搅拌均匀至完全融合。

6　将做法5倒入塔皮内，撒上乳酪粉，放入已经预热至180℃的烤箱内烘烤30分钟即可。

佛罗伦丁塔

材料

塔皮		馅料	
无盐黄油	60克	无盐黄油	50克
白砂糖	1汤匙	白砂糖	20克
蛋	30克	蜂蜜	40克
低筋面粉	120克	鲜奶油	50克
		朗姆酒	2汤匙
		杏仁片	120克

做法

准备：

奶油放室温下回软。在耐热盘上铺上厨房用纸，把杏仁片摊开，用微波炉加热3~4分钟。在塔模上铺烤箱纸，烤箱预热至180℃。

1 在盆内放入软化的无盐黄油、白砂糖，用刮刀混合至润滑。加入蛋混合，接着加入低筋面粉混合至无干粉。

2 将做法2揉成团状，放在塔模上用手压扁。

3 将保鲜膜覆盖在塔模上，从上面用手掌压挤面团，使底部能均匀地铺满。

4 用叉子在面团底部打洞，放到180℃的烤箱内烘烤10分钟。

5 在锅内放入无盐黄油、白砂糖、蜂蜜、鲜奶油、朗姆酒，以小火煮。

6 煮到能拉出2~3厘米的丝状时即离火。

7 加入杏仁片，轻轻混合。

8 将做法7的馅料均匀地倒在塔皮内，表面整平即可。

菠萝蛋塔

材料

塔皮		调味酱	
低筋面粉	200 克	鸡蛋	1 个
白砂糖	1 汤匙	白砂糖	20 克
蛋黄	1 个	低筋面粉	40 克
水	2 汤匙	泡打粉	3 克
无盐黄油	100 克	色拉油	1 汤匙
		酸奶油	50 克
		馅料	
		菠萝（切片）	6 片

做法

1 制作塔皮

① 在盆中放入软化的无盐黄油、白砂糖，用刮刀混合至润滑。

② 加入加水后的蛋黄液混合。

③ 加入低筋面粉，混合至无干粉。

④ 将面团夹在2片保鲜膜之间。

⑤ 用擀面棍擀面饼成比塔模略大一圈，放入冰箱冷藏20~30分钟冷却。

⑥ 拉开上面的保鲜膜，将面饼放入模具内。

⑦ 拉开另一片保鲜膜，用手指顺着模具把面团压一压，侧面也要加上压力以确保紧实。把擀面棍沿着模具上面滚动，切掉多余的面团。

⑧ 用叉子在底部均匀地打洞，放入预热到180℃的烤箱内烘烤8分钟。

⑨ 烘烤好后趁热在面饼表皮上涂一层融化的白巧克力。

2 将菠萝中的水分去掉。

3 将调味酱中的低筋面粉、泡打粉混合，使之融合。

4 将鸡蛋和白砂糖放入盆中打发，直至泡沫变成白色。

5 加入酸奶油搅拌均匀。

6 将做法5加入做法3中进行充分搅拌，再加入色拉油。

7 将搅拌好的材料放入做法1的面饼中。

8 放上菠萝片作装饰。放入提前预热至180℃的烤箱中烘烤30分钟即可。

甘纳许巧克力塔

材料

塔皮		调味酱	
低筋面粉	200 克	甜味巧克力	100 克
盐	适量	鲜奶油	50 克
白砂糖	1 汤匙	无盐黄油	10 克
蛋黄	1 个	郎姆酒	1 小汤匙
水	2 汤匙		
无盐黄油	100 克	馅料	
		黄桃	200 克
		可可粉	适量

做法

1 制作塔皮

① 将低筋面粉、白砂糖和盐混合后过筛到盆里。

② 将面粉中间按压成凹状，倒入已经加水搅拌好的蛋黄液。

③ 在加入蛋黄液的位置继续加入融化的无盐黄油。

④ 将做法1-3搅拌成团状，最好能剩下点面粉。如果无法形成团状，可加入1汤匙水，用刮刀搅拌均匀。

⑤ 将搅拌好的面团放在保鲜膜的中间位置。

⑥ 将面团揉成约2厘米厚的圆状，放入冰箱冷藏30分钟。将冷藏过的面团取出，放在桌面上，在其表面铺一张同等大小的保鲜膜，用擀面棍按照从上到下的顺序擀压。每45°转一圈，使面团整体保持同样的厚度。（如果面团已经变软或者不成形，请把面团再次放入冰箱，直到面团的硬度恢复适中。要是擀的过程中面饼溢出，请把多余的面饼拢到中间，再用擀面棍将面饼摊平。）

⑦ 将擀好的面饼放入塔模中。

⑧ 用指尖轻轻地按压面饼，一定要让面饼完全贴在模具上。

⑨ 为防止烘烤过程中面饼底部鼓起，用叉子或小刀在面饼底部扎上气孔，起到透气的作用。

⑩ 在面饼表面铺一张烤箱专用油纸，在上面放上豆子或金属片，再放入180℃的烤箱里烘烤约15分钟。然后将油纸和豆子取出，单独对面饼进行烘烤，时间约为5分钟。

⑪ 烘烤好后趁热在面饼表皮上涂一层融化的白巧克力。

2 将黄桃沥干水分，切成小块备用。

3 将鲜奶油放到锅中，用中火加热，沸腾之后立刻把火关掉。放入切成小块的巧克力和无盐黄油，使之融化。再加入郎姆酒进行搅拌。

4 将1/2做法3的材料倒入烤好的塔皮中，再将黄桃块放入面饼中。

5 将剩下的调味酱浇上去，放入冰箱中冷却10分钟。筛上可可粉即可。

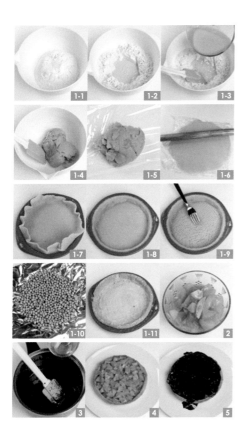

核桃葡萄干布朗尼塔

材料

塔皮		调味酱	
低筋面粉	200 克	黑巧克力	100 克
盐	适量	黄油	50 克
白砂糖	1 汤匙	白砂糖	20 克
蛋黄	1 个	鸡蛋	1 个
水	1 汤匙	朗姆酒	1 汤匙
无盐黄油	100 克	低筋面粉	50 克
		泡打粉	2 克
		馅料	
		核桃仁	30 克
		葡萄干	20 克

做法

1 制作塔皮

① 在盆中放入软化的无盐黄油、白砂糖和盐。

② 用刮刀混合至润滑。

③ 加入加水搅拌好的蛋黄液混合。

④ 加入低筋面粉，混合至无干粉。

⑤ 将面团夹在2片保鲜膜之间。

⑥ 用擀面棍擀面饼成比塔模略大一圈，放入冰箱冷藏20~30分钟。

⑦ 拉开上面的保鲜膜，放入模具内。再拉开另一片保鲜膜，用手指顺着模具把面团压一压，侧面也要加上压力以确保紧实。

⑧ 将擀面棍沿着模具上面滚动，切掉多余的面团。

⑨ 用叉子在底部均匀地打洞，放入预热到180℃的烤箱内烘烤8分钟。

2 将切成小块的黑巧克力、黄油以及白砂糖放入容器中。

3 隔水加热至巧克力完全融化。

4 将已经打散的鸡蛋缓缓地倒入做法3中。

5 一边搅拌一边加入朗姆酒。

6 将低筋面粉和泡打粉混合晃动均匀，直到两者完全融合到一起，再加入核桃仁和用热水泡过的葡萄干，搅拌均匀。

7 将做法6加入做法5的材料中，搅拌均匀。

8 将做法7倒入面饼内。

9 在做法8表面放上少许核桃仁装饰。放入提前预热至180℃的烤箱中烘烤25分钟，待其冷却后撒上过滤好的白砂糖即可。

核桃塔

材料

塔皮		馅料	
高筋面粉	60 克	核桃	200~250 克
低筋面粉	60 克	黑糖	30 克
盐	2 克	玉米糖浆	120 克
无盐黄油	100 克	奶油	30 克
蛋黄	1 个	鸡蛋	2 个
冰水	2 汤匙	肉桂粉	1 茶匙

做法

1 制作塔皮

① 将过筛的粉类和盐放入食物料理机内。

② 将冰凉的无盐黄油切成边长1厘米的块状后，放入做法1-1中。

③ 将做法1-2搅拌至无干粉。

④ 加入蛋黄与冰水的混合物搅拌均匀。

⑤ 将做法1-4揉成面团，用保鲜膜包好，放入冰箱冷藏1小时以上，让面团延迟发酵。

⑥ 在工作台上铺上适量的防黏粉，再将延迟发酵后的面团快速擀成模具的大小。

⑦ 将面饼铺进模具，并用手稍微按压，让面饼贴紧模具后，再切掉多余的面饼。

⑧ 用叉子在底部各处扎洞，使面饼在烘焙过程中不会膨胀。

2 制作馅料。将奶油隔水加热融化后，加入黑糖和肉桂粉。

3 搅拌均匀。

4 加入玉米糖浆搅拌后，拿开隔水加热的底盆，冷却一段时间。

5 将打散的鸡蛋缓缓地加入，同时快速搅拌，但不要打出泡沫。

6 将做法5用筛子筛过，不要有结块。

7 在塔皮内放入稍微炒过的核桃。

8 倒入做法6的馅料，至约八分满。

9 将做法8放进以180℃预热好的烤箱中，烘焙约40分钟即完成。

黄桃塔

材料

塔皮		调味酱	
低筋面粉	200 克	鸡蛋	1 个
白砂糖	1 汤匙	白砂糖	20 克
蛋黄	1 个	低筋面粉	40 克
水	2 汤匙	泡打粉	3 克
无盐黄油	100 克	色拉油	1 汤匙
		酸奶油	50 克

馅料	
黄桃（切片）	200 克

做法

1 制作塔皮

① 在盆中放入软化的无盐黄油、白砂糖。

② 用刮刀混合至润滑。

③ 加入蛋黄混合。

④ 加入低筋面粉，混合至无干粉。

⑤ 将面团夹在2片保鲜膜之间。

⑥ 用擀面棍擀面饼成比塔模略大一圈，放入冰箱冷藏20~30分钟。

⑦ 拉开上面的保鲜膜，将面饼放入模具内。再拉开另一片保鲜膜，用手指顺着模具把面团压一压，侧面也要加上压力以确保紧实。

⑧ 将擀面棍沿着模具上面滚动，切掉多余的面团。

⑨ 用叉子在底部均匀地打洞，放入预热到180℃的烤箱内烘烤8分钟。

⑩ 烘烤好后趁热在面饼表皮上涂一层融化的白巧克力。

2 将黄桃中的水分去掉，切成薄片。

3 将调味酱中的低筋面粉、泡打粉混合，使之融合。

4 将鸡蛋和白砂糖放入盆中打发，直至泡沫变成白色。

5 加入酸奶油搅拌均匀。

6 将做法5加入做法3中进行充分搅拌，再加入色拉油。

7 将搅拌好的材料倒入面饼中。

8 将黄桃片放上做装饰，放入提前预热至180℃的烤箱中烘烤30分钟即可。

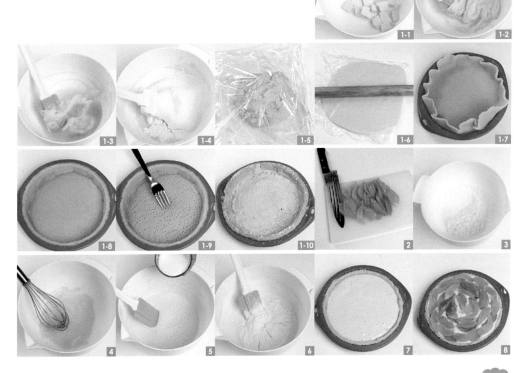

焦糖榛果塔

材料

塔皮		焦糖坚果	
低筋面粉	200 克	松子	80 克
白砂糖	1 汤匙	核桃	80 克
蛋黄	1 个	开心果	80 克
水	2 汤匙	水	150 克
无盐黄油	100 克	细砂糖	60 克
		蜂蜜	20 克

奶油馅	
酸奶油	50 克
细砂糖	1 茶匙
香草豆荚	1/4 根
蛋黄	1 个
牛奶	40 克
鲜奶油	60 克
朗姆酒	1 茶匙

做法

1 制作塔皮

① 在盆中放入软化的无盐黄油、白砂糖。

② 用刮刀混合至润滑。

③ 加入加水搅拌好的蛋黄液混合。

④ 加入低筋面粉，混合至无干粉。

⑤ 将面团夹在2片保鲜膜之间。

⑥ 用擀面棍擀面饼成比塔模略大一圈，放入冰箱冷藏20~30分钟。

⑦ 拉开上面的保鲜膜，将面饼放入模具内。再拉开另一片保鲜膜，用手指顺着模具把面团压一压，侧面也要加上压力以确保紧实。

⑧ 将擀面棍沿着模具上面滚动，切掉多余的面团。

⑨ 用叉子在底部均匀地打洞，放入预热到180℃的烤箱内烘烤8分钟。

⑩ 烘烤好后趁热在面饼表皮上涂一层融化的白巧克力。

2 制作焦糖坚果。锅中放入水、细砂糖、蜂蜜，开火煮至沸腾后，将所有坚果加入，再度煮至沸腾即可关火，盖上锅盖。

3 待10~15分钟后，用筛网滤除汁液，将坚果放置于烤盘上，大致分出种类和大小，摊开排列，不要重叠。放入已经预热至180℃的烤箱中，将全部的坚果烤成焦糖色。将烤好的坚果取出，每种坚果分类散放冷却（松子和开心果烘烤的程度差不多，所以可混在一起。烘烤过程中要多次打开烤箱，用叉子拨弄坚果使其外表能均匀上色。坚果外层的糖浆在开始时很黏稠，烤到后来就不会了）。

4 制作奶油馅。将酸奶油、细砂糖、香草豆荚中的香草籽、蛋黄、牛奶、鲜奶油、朗姆酒依序加入搅拌盆中，加入每种时都要混合均匀。

5 过滤做法4。

6 将做法5的奶油馅倒入烤好的塔皮中，放入180℃的烤箱中（如果怕烤得太焦，可以调温度至170℃），烘烤10~15分钟。冷却后放入冰箱冷藏。待塔皮中的奶油馅冷却凝固后，脱模，先将裹着糖衣的松子铺在奶油馅上，再摆放其他坚果即完成。

橘子蛋塔

材料

塔皮		馅料	
低筋面粉	200 克	蛋黄酱	总量的 1/2
盐	适量	鲜奶油	100 克
白砂糖	1 汤匙	白砂糖	1 茶匙
蛋黄	1 个	橙酒	1 汤匙
水	1 汤匙	橘子	2 个
无盐黄油	100 克	光亮剂	适量

蛋黄酱

蛋黄	2 个
白砂糖	30 克
小麦粉	20 克
牛奶	200 克
香草精	少许
黄油	20 克

做法

1 将橘子皮剥下来，切成丝状。橘子备用。

2 制作塔皮

① 将低筋面粉、白砂糖和盐混合后过筛到盆里。

② 将面粉中间按压成凹状，倒入已经加水搅拌好的蛋黄液。

③ 在加入蛋黄液的位置继续加入已经融化的无盐黄油。

④ 将做法2-3搅拌成团状，最好能剩下点面粉。如果无法形成团状，可加入1汤匙水，用刮刀搅拌均匀即可。

⑤ 将搅拌好的面团放在保鲜膜的中间位置。

⑥ 将面团揉成约2厘米厚度的圆饼，放入冰箱冷藏30分钟。

⑦ 将冷藏过的面饼取出，放在桌面上，在其表面铺一张同等大小的保鲜膜，用擀面棍按照从上到下的顺序擀压。每45°转一圈，使面团整体保持同样的厚度。（如果面团已经变软或者不成形，请把面团再次放入冰箱，直到面团的硬度恢复适中。若擀的过程中面饼溢出，请把多余的面饼拢到中间，再用擀面棍将面饼摊平。）把1/2量的橘皮丝随意地撒上去，由于是将面饼摊好后才加橘皮丝，所以很容易定型。

⑧ 用擀面棍擀压面饼，使橘皮丝嵌入面饼中，再将面饼翻面，重复同样的做法，然后将擀好的面饼放入塔模中。

⑨ 用指尖轻轻地按压面饼，一定要让面饼完全贴在模具上。

⑩ 为防止烘烤过程中面饼底部鼓起，可用叉子或小刀在面饼底部扎上气孔，起到透气的作用。

⑪ 在面饼表面铺一张烤箱专用油纸，在上面放上豆子或金属片，放入180℃的烤箱里烘烤约15分钟。然后将油纸和豆子取出，单独对面饼再进行烘烤，时间约为5分钟。

⑫ 烘烤好后趁热在表皮上涂一层融化的白巧克力。

3 制作蛋黄酱

① 将蛋黄和白砂糖放入盆中打发，打出白色泡沫。

② 加入小麦粉，晃动均匀。

③ 将牛奶加入锅中，用小火加热，直至冒热气。

④ 将做法3-3的材料缓缓倒入做法3-2中，充分搅拌。

⑤ 将做法3-4再倒入锅中。

⑥ 一边搅拌一边用小火加热并勾芡。

⑦ 关火之后加入香草精和黄油，搅拌均匀，然后放到容器中用保鲜膜盖好。（尽量当天用完蛋黄酱，如果使用铝锅，奶油容易变成黑色，请用铜制的锅或不锈钢锅。）

4 制作馅料

① 将鲜奶油和白砂糖放入盆中搅拌均匀，打出泡沫直至奶油变成黏稠状。

② 加入橙酒调味。

③ 加入做法3的蛋黄酱，搅拌均匀。

5 将做法4的材料倒入面饼里。

6 将橘子交错放到面饼上。

7 用小刷子在做法6表面涂上果酱来调色。（将100克的杏仁酱用过滤网滤过之后再加水稀释，煮一下然后冷却即为可提色的果酱光亮剂。）

苹果酥塔

材料

塔皮

A	低筋面粉	80克
	高筋面粉	80克
	泡打粉	7克
	盐	适量
B	玉米油	50克
	枫糖浆	100克
	豆浆	150克
	香草豆	1/4根
	（或香草精	1茶匙）

上层配料

低筋面粉	50克
高筋面粉	50克
杏仁（稍微烤过切碎）	
	50克
肉豆蔻	少许

盐	适量
色拉油	50克
枫糖浆	50克
肉桂粉	少许

馅料

苹果（带皮，先切成4等份再切成薄片）	
	2个
苹果汁	50克
枫糖浆	50克
柠檬皮屑	1颗的量
柠檬汁	1颗的量
盐	适量

做法

1. 制作苹果馅料。将材料放入锅内，盖上锅盖煮沸。沸腾后转小火继续煮10分钟。接着掀开锅盖，以中火熬到水分蒸干，再从火上移开，放凉备用。

2. 制作上层配料。将粉类材料放入盆中，用打蛋器拌匀后，加入色拉油，用叉子充分搅拌混合，使油和粉类融合在一起。再加入枫糖浆，用叉子搅拌，做成柔软的面糊。盖上保鲜膜放入冰箱冷藏备用。

3. 制作塔皮。将材料A筛入盆里，用刮刀搅拌混合。

4. 加入材料B混合拌匀，注意不要搅拌过度。

5. 将做法4倒入烤模里。

6. 在做法5的表面均匀地铺上做法1的苹果馅料，撒上肉桂粉。

7. 将上层配料从冰箱取出，用手揉碎后均匀地撒在做法6上。将烤模放入以180℃预热好的烤箱里，烘烤30分钟左右。用竹签刺戳，若没有面糊沾黏即可取出，放到网架上冷却。

蓝莓乳酪派

材料

派皮		奶油	
低筋面粉	200 克	奶油奶酪	100 克
盐	适量	白砂糖	1 汤匙
白砂糖	1 汤匙	蛋黄	1 个
蛋黄	1 个	低筋面粉	1 汤匙
水	1 汤匙	鲜奶油	50 毫升
无盐黄油	100 克	柠檬汁	1 汤匙
蓝莓干	30 克		
		馅料	
		蓝莓果酱	2 汤匙
		绵白糖	适量

做法

1 制作派皮

① 将低筋面粉、白砂糖和盐混合后过筛到盆里。

② 将面粉中间按压成凹状，倒入已经加水搅拌好的蛋黄液。

③ 在加入蛋黄的位置继续加入已经融化的无盐黄油。

④ 将做法1-3搅拌成团状，最好能剩下点面粉。如果无法形成团状，可加入1汤匙水，用刮刀搅拌均匀即可。

⑤ 将和好的面团放在保鲜膜的中间位置。

⑥ 将面团擀成约2厘米厚的圆饼，放入冰箱冷藏30分钟。

⑦ 取出冷藏好的面饼，把1/2量的蓝莓干随意地撒上去，由于是将面饼摊好后才加蓝莓干，所以很容易定型。

⑧ 用擀面棍擀压面饼，使蓝莓干嵌入面饼中，再将面饼翻面，重复同样的做法。

⑨ 将擀好的面饼放入塔模中，用指尖轻轻地按压面饼，一定要让面饼完全贴在模具上。

⑩ 用叉子在面饼底部扎上气孔。

2 制作奶油

① 将恢复常温的奶油奶酪放入盆中，用刮刀进行搅拌。待奶油奶酪变软之后，加入白砂糖，再次搅拌均匀。

② 加入蛋黄液，搅拌均匀。

③ 加入低筋面粉。

④ 加入鲜奶油。

⑤ 加入柠檬汁，再充分搅拌。

3 在面饼上涂抹一层蓝莓果酱。

4 将做好的奶油倒入，放入提前预热到170℃的烤箱中烘烤35~40分钟。

5 烤好待其冷却后，用过滤网把粉状的绵白糖过筛撒上即可。

蜜红豆抹茶蛋塔

材料

塔皮		调味酱	
粘米粉	100 克	抹茶粉	1 茶匙
杏仁粉	50 克	豆乳	100 克
盐	适量	白砂糖	1 汤匙
水	3 汤匙	鲜奶油	100 克
黄油	100 克	吉利丁片	5 克
蛋黄	1 个	水	1 汤匙

馅料	
蜜红豆	适量

做法

1 制作塔皮

① 将粉类和盐混合后过筛到盆里。

② 将面粉中间按压成凹状，倒入已经加水搅拌好的蛋黄液。

③ 在加入蛋黄的位置继续加入已经融化的黄油。

④ 将做法1-3搅拌成团状，最好能剩下点面粉。如果无法形成团状，可加入1汤匙水，用刮刀搅拌均匀即可。

⑤ 将搅拌好的面团放在保鲜膜的中间位置。

⑥ 将面团擀成约2厘米厚的圆饼，放入冰箱冷藏30分钟。

⑦ 将冷藏过的面饼取出，放在桌面上，在其表面铺一张同等大小的保鲜膜，用擀面棍按照从上到下的顺序擀压。每45°转一圈，使面团整体保持同样的厚度。（如果面团已经变软或者不成形，请把面团再次放入冰箱，直到面团的硬度恢复适中。要是擀的过程中面饼溢出，请把多余的面饼拢到中间，再用擀面棍将面饼摊平。）将擀好的面饼放入塔模中。

⑧ 用指尖轻轻地按压面饼，一定要让面饼完全贴在模具上。

⑨ 为防止烘烤过程中面饼底部鼓起，可用叉子或小刀在面饼底部扎上气孔，起到透气的作用。

⑩ 在面饼表面铺一张烤箱专用油纸，然后在上面放上豆子或金属片，放入180℃的烤箱里烘烤约15分钟。然后将油纸和豆子取出，单独对面饼进行烘烤，时间约为5分钟。

⑪ 烘烤好后趁热在面饼表皮上涂一层融化的白巧克力。

2 将吉利丁片用水泡开，备用。

3 将豆乳和白砂糖放到锅中煮至沸腾，然后将火关掉。

4 加入做法2的材料，使其融化并搅拌均匀。

5 向做法4搅拌好的液体中缓慢地加入抹茶粉。

6 将做法5打出泡沫并搅拌均匀。加入鲜奶油，直至打发出丰富的白色泡沫。

7 将做法6的材料倒入面饼中。

8 在做法7表面撒上蜜红豆即可。

南瓜派

材料

派皮		馅料	
酥油	60克	南瓜	200克
无盐黄油	10克	无盐黄油	15克
白砂糖	1茶匙	细砂糖	50克
盐	适量	全蛋	1个
牛奶	50克	肉桂粉	少许
低筋面粉	150克	炼乳	100克

做法

1 制作派皮

① 在盆内放入酥油和无盐黄油，用搅拌器搅拌至润滑。

② 加入白砂糖和盐混合拌匀。

③ 加入过筛的低筋面粉。

④ 加入牛奶，用刮刀像切开般大致混合。

⑤ 用手按压搓揉，在盆内约搓揉20次。

⑥ 将做法1-5的面团用保鲜膜包裹，用擀面棍擀成2~3毫米厚的面饼。

⑦ 将面饼擀成比模具略大一圈的大小。

⑧ 拿掉上面的保鲜膜，把面饼翻面铺在模具内。

⑨ 转动擀面棍去除多余的面团，拿掉保鲜膜。

⑩ 配合模具用指尖整理好面团。

⑪ 在底部的周围用叉子打洞后，放入冰箱冷却。

2 将南瓜切成小块状去皮，放入耐热容器，盖上保鲜膜，以微波炉加热2~3分钟，趁热用擀面棍捣碎。

3 加入无盐黄油和细砂糖，用搅拌器混合。

4 将蛋打散，边加入至做法3中边混合。

5 加入肉桂粉，充分混合，再加入炼乳混合。

6 将做法5的材料加入做法1的面饼内。放入已经预热至170℃的烤箱内烘烤50分钟即完成。

柠檬塔

材料

塔皮		馅料	
低筋面粉	200 克	柠檬汁	2 汤匙
白砂糖	1 汤匙	柠檬精	3 滴
蛋黄	1 个	香草精	3 滴
无盐黄油	100 克	全蛋	60 克
		白砂糖	80 克
		无盐黄油	50 克
		柠檬皮屑	1 颗的量

做法

1 制作塔皮

① 在盆中放入软化的无盐黄油、白砂糖。

② 用刮刀混合至润滑。

③ 加入蛋黄混合。

④ 加入低筋面粉，混合至无干粉。

⑤ 将面团夹在2片保鲜膜之间。

⑥ 用擀面棍将面团擀成比模具略大一圈的面饼，放入冰箱冷藏20~30分钟。

⑦ 拉开上面的保鲜膜，将面饼放入模具内。

⑧ 再拉开另一片保鲜膜，用手指顺着模具把面团压实，侧面也要加上压力以确保紧实。将擀面棍沿着模具上面滚动，切掉多余的面团。

⑨ 用叉子在底部均匀地打洞，放入预热至180℃的烤箱内烘烤8分钟。

⑩ 烘烤好后趁热在面饼表皮上涂一层蛋黄。

2 将无盐黄油放入小锅中融化，加热至60℃，备用。

3 用打蛋器将蛋打散，加入白砂糖，混合搅拌。

4 将做法3的蛋液打到拿起打蛋器时，蛋液会均匀地迅速滴落为止。

5 将做法2分成5次加入，且每次都要以画圆方式搅拌。

6 加入柠檬皮屑。

7 加入柠檬汁。

8 加入柠檬精和香草精后进行搅拌（搅拌时不可以产生气泡，一旦空气进入，烤出来的成品就不美观了）。

9 将做法8的材料倒入制作好的塔皮中，直至倒满到边缘为止。

10 将做法9放入提前预热至200℃的烤箱中，烘烤25分钟。待塔完全冷却后再分切开来。

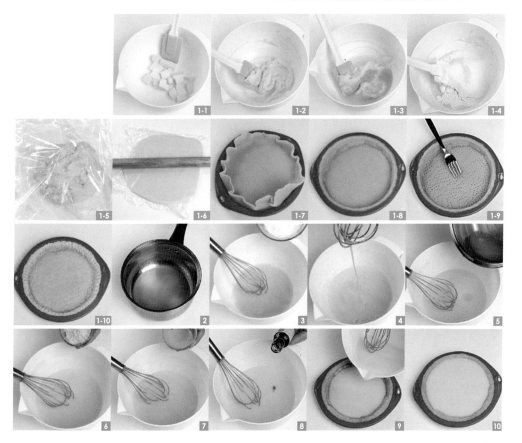

巧克力戚风塔

材料

塔皮

低筋面粉	110克
蛋黄	1个
无盐黄油	50克
水	1大匙
盐	适量

巧克力奶油

吉利丁片	5克
蛋黄	2个
甜味巧克力	60克
白砂糖	15克
盐	少许
牛奶	150克
香草精	少许
郎姆酒	1小匙
蛋清	40克

发泡奶油

鲜奶油	100克
白砂糖	20克

装饰

甜味巧克力	适量
核桃	30克

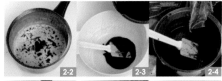

做法

准备：将面粉过筛，无盐黄油切成边长1厘米的小方块冷藏备用。将烤箱预热至180℃。

1 制作塔皮

① 将低筋面粉与盐放入食物调理机中，搅打10秒钟。再放入冷藏的无盐黄油块，搅打至无盐黄油块消失，整体呈粉状。

② 将蛋黄与水搅打成蛋液，倒入做法1-1中。

③ 将做法1-2搅打至粉与蛋液充分融合，揉成面团，揉圆，上下各铺一张保鲜膜，放在工作台上。

④ 用擀面棍将面团擀成2~3毫米厚的面饼。

⑤ 拿掉下层的保鲜膜，将面饼铺入模具中（由于侧面的面饼烤后会缩小，所以要稍微将面饼拉大一点再铺于模具上），拆掉保鲜膜。

⑥ 用擀面棍在模具上压滚过，切除多余的面饼。

⑦ 用叉子在面饼上扎些气孔。

⑧ 在面饼上铺上铝箔纸，放入冰箱冷藏约30分钟，上面再放上豆子，放入180℃的烤箱烘烤15分钟。然后拿掉铝箔纸及豆子，再烘烤5~10分钟，使表面干燥并带有微微的烘烤颜色。

2 制作巧克力奶油

① 将蛋黄倒入盆中，加入1/2量的白砂糖、盐，以打蛋器搅打至颜色变白。

② 将牛奶倒入锅中，煮至快要沸腾即熄火。加入切碎的甜味巧克力搅溶（即为巧克力牛奶）。

③ 将做法2-2一边以打蛋器搅拌，一边倒入做法2-1装有蛋黄的盆中，然后再整盆倒回锅中。

④ 将做法2-3的锅置于中火，由锅底向上翻搅，一直煮到泡沫消失再熄火，加入沥干水的吉利丁片搅溶。

⑤ 将做法2-4过滤后倒入盆中，盆底部浸泡于冰水，一边冷却一边以刮刀搅拌，直到搅拌有痕迹残留的浓稠程度。

⑥ 加入香草精、郎姆酒混合。

⑦ 将蛋清及盐倒入盆中，以搅拌器搅拌，直到搅拌的痕迹会残留且呈松软的泡沫状，再将剩余的白砂糖分2~3次加入，继续打发至带有尖角的蛋白霜。

⑧ 将1/3量的蛋白霜加入做法2-6的盆中，以刮刀搅拌融合。

⑨ 加入剩余的蛋白霜，大略拌匀。

3 组合制作

将巧克力奶油倒入做法1的塔皮中，以刮刀将巧克力奶油修整成中间鼓起，放入冰箱冷藏2~3小时，使之凝固。用8分打发的发泡奶油及以隔水加热方式融化的装饰用甜味巧克力，在塔饼表面挤出细细的花纹，再加上核桃装饰。

巧克力乳酪塔

材料

塔皮		乳酪糊	
低筋面粉	110 克	奶油奶酪	120 克
蛋黄	1 个	酸奶油	50 克
无盐黄油	50 克	白砂糖	30 克
水	1 大匙	鸡蛋	1 个
盐	适量	白兰地	1 小匙

鲜奶油巧克力酱

甜味巧克力	50 克
鲜奶油	50 克

做法

准备：将面粉过筛，无盐黄油切成边长1厘米的小方块冷藏备用。将烤箱预热至180℃。奶油奶酪置于室温下放软。

1 制作塔皮

① 将低筋面粉与盐放入食物调理机中，搅打10秒钟，再放入冷藏的无盐黄油块。

② 将做法1-1搅打至无盐黄油块消失，整体呈粉状。

③ 将蛋黄与水搅打成蛋液，倒入做法1-2中。

④ 将做法1-3搅打至粉与蛋液充分融合。

⑤ 将面团揉圆，上下各铺一张保鲜膜，放在工作台上。用擀面棍将面团擀成2~3毫米厚的面饼。

⑥ 拿掉下层的保鲜膜，将面饼铺入模具中。由于侧面的塔皮烤后会缩小，所以要稍微将面饼拉大一点再铺于模具上。

⑦ 用擀面棍在模具上压滚过，切除多余的面饼。

⑧ 用叉子在面饼上扎些气孔。

⑨ 在面饼上铺一铝箔纸，放入冰箱冷藏约30分钟。上面再放上豆子，放入180℃的烤箱烘烤15分钟，然后拿掉铝箔纸及豆子，再烘烤5~10分钟，使表面干燥并带有微微的烘烤颜色。

2 制作鲜奶油巧克力酱

① 将鲜奶油倒入锅中，开火煮至快要溢出来时即可熄火。加入切碎的巧克力。

② 以打蛋器搅拌至巧克力融化成柔滑状，放凉备用。

3 制作乳酪糊

① 将奶油奶酪倒入盆中，以搅拌器打至呈奶油状，再依序加入酸奶油、白砂糖搅拌。

② 将打散的蛋液慢慢加入其中，一边加入一边搅拌。待蛋液与乳酪融合后，再倒入白兰地拌匀。

4 将鲜奶油巧克力酱倒入乳酪糊的盆中。

5 以刮刀切割出大理石花纹。

6 将做法5的材料倒入塔皮内，放入180℃的烤箱烘烤25~30分钟。

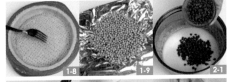

乳酪塔

材料

塔皮		馅料	
无盐黄油	70 克	奶油奶酪	200 克
白砂糖	1 汤匙	酸奶油	50 克
蛋	30 克	无盐黄油	10 克
低筋面粉	140 克	白砂糖	1 汤匙
盐	适量	玉米淀粉	2 汤匙
水	1 大匙	蛋黄	1 个
		柠檬汁	1 汤匙
		牛奶	1 汤匙
		焦糖浆	50 克

做法

1 制作塔皮

① 将低筋面粉和白砂糖、盐混合后过筛到盆里。

② 将面粉中间按压成凹状，倒入已经加水搅拌好的蛋黄液。

③ 在加入蛋黄液的位置继续加入已经融化的无盐黄油。

④ 将做法1-3搅拌成团状，最好能剩下点面粉。如果无法形成团状，可加入1汤匙水，用刮刀搅拌均匀。

⑤ 将搅拌好的面团放在保鲜膜的中间位置。

⑥ 将面团揉成约2厘米厚的圆状，放入冰箱冷藏30分钟。

⑦ 将冷藏过的面团取出，放在桌面上，在其表面铺一张同等大小的保鲜膜，用擀面棍按照从上到下的顺序擀压。每45°转一圈，使面团整体保持同样的厚度。（如果面团已经变软或者不成形，请把面团再次放入冰箱，直到面团的硬度恢复适中。要是擀的过程中面饼溢出，请把多余的面饼拢到中间，再用擀面棍将面饼摊平即可。）

⑧ 将擀好的面饼放入塔模中，用指尖轻轻地按压面饼。一定要让面饼完全贴在模具上。

⑨ 为防止烘烤过程中面饼底部鼓起，用叉子或小刀在面饼底部扎上气孔，起到透气的作用。

⑩ 在面饼表面铺一张烤箱专用油纸，在上面放上豆子或金属片，再放入预热至180℃的烤箱里烘烤约15分钟。然后将油纸和豆子取出，再对面饼进行烘烤，时间约为5分钟。

2 制作馅料

① 在盆内放入奶油奶酪，用打蛋器搅拌。

② 加入酸奶油、无盐黄油、白砂糖、玉米淀粉混合。

③ 混合至滑润时，加入蛋黄、柠檬汁和牛奶混合。

3 将焦糖浆抹平在塔皮的表面。

4 将做法2的馅料倒在做法3上面，放入预热到180℃的烤箱内，烘烤30分钟即可。

圣女果干塔

材料

塔皮		馅料	
无盐黄油	70 克	圣女果干	200 克
白砂糖	1 汤匙	鲜奶 A	200 克
蛋	30 克	奶油	30 克
低筋面粉	140 克	鲜奶 B	100 克
盐	适量	鸡蛋	2 个
水	1 大匙	白砂糖	30 克
		杏仁条	适量

做法

1 制作塔皮

① 将低筋面粉和白砂糖、盐混合后过筛到盆里。

② 将面粉中间按压成凹状，倒入已经加水搅拌好的蛋黄液。

③ 在加入蛋黄液的位置继续加入已经融化的无盐黄油。

④ 将做法1-3搅拌成团状，最好能剩下点面粉。如果无法形成团状，可加入1汤匙水，用刮刀搅拌均匀。

⑤ 将和好的面团放在保鲜膜的中间位置。

⑥ 将面团揉成约2厘米厚的圆状，放入冰箱冷藏30分钟。

⑦ 将冷藏过的面团取出，放在桌面上，在其表面铺一张同等大小的保鲜膜，用擀面棍按照从上到下的顺序擀压。每45°转一圈，使面团整体保持同样的厚度。（如果面团已经变软或者不成形，请把面团再次放入冰箱，直到面团的硬度恢复适中。要是擀的过程中面饼溢出，请把多余的面饼拢到中间，再用擀面棍将面饼摊平。）

⑧ 将擀好的面饼放入塔模中，用指尖轻轻地按压面饼。一定要让面饼完全贴在模具上。

⑨ 为防止烘烤过程中面饼底部鼓起，可用叉子或小刀在面饼底部扎上气孔，起到透气的作用。

⑩ 在面饼表面铺一张烤箱专用油纸，在上面放上豆子或金属片，放入180℃的烤箱里烘烤约15分钟。然后将油纸和豆子取出，单独对面饼进行烘烤，时间约为5分钟。

2 将圣女果干放入锅中，加入鲜奶A以中火煮至变软。

3 沥干水分。

4 将圣女果摆入做法1的塔皮内。

5 在鸡蛋里加入白砂糖打散，再加入鲜奶B和奶油，搅拌均匀。

6 将做法5浇在做法4的圣女果上，放入烤箱，用170℃烘烤10分钟，再撒上适量杏仁条，继续烘烤5分钟。

松子塔

材料

塔皮		馅料	
无盐黄油	80克	A 杏仁粉	100克
白砂糖	7克	玉米淀粉	40克
盐	适量	盐	适量
低筋面粉	100克	B 枫糖浆	50克
蛋黄	1个	豆浆	200克
水	1茶匙	菜籽油	2汤匙
		柠檬皮屑	1颗的量
		柠檬汁	1汤匙
		松子（稍微烤过的）	
			100克
		迷迭香	1茶匙

做法

1 制作塔皮

① 将低筋面粉和白砂糖、盐过筛。

② 加入切成小块的无盐黄油。

③ 搅拌至看不到干粉。

④ 加入蛋黄与水的混合物一起搅拌。

⑤ 用手捏揉成团，放置于保鲜膜上。

⑥ 用擀面棍擀面饼比塔模略大一圈，直接放入冰箱冷藏20~30分钟。

⑦ 拉开上面的保鲜膜，将面饼倒入模具内。再拉开另一面保鲜膜，用手指顺着模具把面饼压一压，侧面也要加上压力以确保紧实。

⑧ 将擀面棍沿着模具上面滚动，切掉多余的面团。

⑨ 用叉子在底部均匀地打洞，放入预热至180℃的烤箱内烘烤8分钟。

2 将馅料的材料A放入盆里，加入少量水用打蛋器搅拌混合。

3 加入材料B充分混合。

4 将做法3的馅料倒入塔皮内，撒上迷迭香。

5 撒上松子，放入以180℃预热的烤箱里，烘烤约30分钟。以竹签刺戳，若没有面糊沾黏即完成。烤好后，放到网架上散热。

杏桃松子塔

材料

塔皮		香草豆荚	1/2 根
无盐黄油	80 克	**馅料**	
白砂糖	7 克	A 杏仁粉	100克
盐	适量	玉米淀粉	40克
低筋面粉	100 克	盐	适量
蛋黄	1 个	B 枫糖浆	50克
水	1 茶匙	豆浆	200 克
		菜籽油	2 汤匙
蜜煮杏桃		柠檬皮屑	1 颗的量
杏桃干	200 克	柠檬汁	1 汤匙
水	500 克	松子（稍微烤过的）	
白砂糖	100 克		100 克

光亮液	
杏桃酱	100 克
苹果汁（或者水）	1 汤匙
洋菜粉	少许
盐	适量

做法

1 制作塔皮

① 将低筋面粉、白砂糖和盐混合过筛。

② 将无盐黄油切成小块后放入。

③ 将做法1-2搅拌至看不到干粉。

④ 加入蛋黄与水的混合物一起搅拌。

⑤ 用手捏揉成团，放置于保鲜膜上。

⑥ 用擀面棍擀面饼比塔模略大一圈，直接放入冰箱冷藏20~30分钟。

⑦ 拉开上面的保鲜膜，将面饼倒入模具内。再拉开另一面保鲜膜，用手指顺着模具把面团压一压，侧面也要加上压力以确保紧实。

⑧ 将擀面棍沿着模具上面滚动，切掉多余的面团。

⑨ 用叉子在底部均匀地打洞，放入预热至180℃的烤箱内烘烤8分钟。

2 制作蜜煮杏桃。将所有材料放入锅中，加上盖开大火加热。煮沸后转小火，将杏桃干煮至变软。

3 过滤汁水后将杏桃干切成条。

4 将杏桃条铺在塔皮内。

5 将馅料的材料A放入盆里，加入少量水用打蛋器搅拌混合。

6 加入材料B充分混合。

7 将做法6的馅料倒入做法4的杏桃上。

8 撒上松子，放入以180℃预热的烤箱里，烘烤约30分钟。以竹签刺戳，若没有面糊沾黏即完成。烤好后，放到网架上散热。小心涂抹上光亮液，要注意别让松子剥落，涂好后静置定型，冷却后即可食用。（将光亮液的材料放入锅中加热，一边不时地搅拌。沸腾后转小火，再继续煮1分钟，关火后用网筛过滤即为光亮液。）

无花果塔

材料

塔皮		馅料	
无盐黄油	80克	全蛋	1个
白砂糖	7克	白砂糖	1汤匙
盐	适量	鲜奶油	100克
低筋面粉	100克	杏仁粉	50克
蛋黄	1个	低筋面粉	10克
水	1茶匙	樱桃利口酒	2汤匙

装饰	
无花果干	适量
杏子果酱	适量

做法

1 制作塔皮

① 将低筋面粉、白砂糖和盐过筛。

② 将无盐黄油切成小块后放入。

③ 将做法1~3搅拌至看不到干粉。

④ 加入蛋黄与水的混合物一起搅拌。

⑤ 将做法1~4用手捏揉成团，放置于保鲜膜上。

⑥ 用擀面棍擀面饼至比塔模略大一圈，直接放入冰箱冷藏20~30分钟。

⑦ 拉开上面的保鲜膜，将面饼倒入模具内。再拉开另一面保鲜膜，用手指顺着模具把面团压一压，侧面也要加上压力以确保紧实。

⑧ 将擀面棍沿着模具上面滚动，切掉多余的面团。

⑨ 用叉子在底部均匀地打洞，放入预热至180℃的烤箱内烘烤8分钟。

2 制作馅料。在盆内打入蛋，用打蛋器混合。

3 加入馅料的全部材料，混合均匀。

4 将做法3倒入烤好的塔皮内。

5 将无花果干切成片。

6 在做法4表面摆满切片的无花果干。放入预热到180℃的烤箱内，烘烤30分钟后，在表面涂抹上杏子果酱以增添光泽。

鲜奶巧克力香蕉塔

材料

塔皮		发泡香蕉鲜奶油	
低筋面粉	110 克	鲜奶油	1/2 杯
蛋黄	1 个	白砂糖	1 大匙
无盐黄油	50 克	香蕉	1 根
水	1 大匙	柠檬汁	少许
盐	适量	郎姆酒	1 小匙
		装饰	
巧克力糊		香蕉	适量
甜味巧克力	1/2 杯	巧克力	适量
牛奶	1 杯		
全蛋	2 个		
白砂糖	1 小匙		

做法

准备：将面粉过筛，无盐黄油切成边长1厘米的小方块冷藏备用。将烤箱预热至180℃。

1 制作塔皮

① 将低筋面粉与盐放入食物调理机中，搅打10秒钟。再放入冷藏的无盐黄油块。

② 搅打至无盐黄油块消失，整体呈粉状。

③ 将蛋黄与水搅打成蛋液，倒入做法1-2中。

④ 搅打至粉与蛋液充分混合。

⑤ 将做法1-4的面团揉圆，上下各铺一张保鲜膜，放在工作台上。用擀面棍将面团擀成2~3毫米厚的面饼。

⑥ 拿掉下层的保鲜膜，将面饼铺入模具中。由于侧面的面饼烤过会缩小，所以要稍微将面饼拉大一点再铺于模具上。

⑦ 用擀面棍在模具上压滚过，切除多余的面饼。

⑧ 用叉子在面饼上扎些气孔。

⑨ 在面饼上铺上铝箔纸，放入冰箱冷藏约30分钟，上面再放上豆子，放入180℃的烤箱烘烤15分钟。然后拿掉铝箔纸及豆子，再烘烤5~10分钟，使表面干燥并带有微微的烘烤颜色。

2 制作巧克力糊

① 将切碎的甜味巧克力及牛奶倒入锅中，开火。

② 搅拌，使巧克力融化成巧克力牛奶。

③ 将蛋打入盆中，搅打成蛋液，加入白砂糖，以打蛋器搅拌至变白。

④ 加入做法2-2的巧克力牛奶。

⑤ 充分拌匀。

3 将香蕉剥皮，切成5毫米厚的圆片，紧密摆入做法1的塔皮中。

4 将巧克力糊倒入做法3。

5 将做法4放入180℃的烤箱烘烤约20分钟，置于蛋糕冷却网架上放凉。

6 制作发泡香蕉鲜奶油

① 将鲜奶油及白砂糖倒入盆中，打发至8分起泡（用打蛋器舀起时，奶油呈细丝状）备用。

② 将香蕉及柠檬汁倒入食物处理机中，搅

打成泥状。

③ 将香蕉泥倒入8分起泡的鲜奶油中。

④ 加入郎姆酒拌匀。

7 将发泡香蕉鲜奶油倒入裱花袋中，在做法5的香蕉塔上挤花。

8 以隔水加热的方式融化装饰用的巧克力，将之细细挤于做法7上。

9 放上切成圆片的香蕉做装饰。

苹果蛋糕塔

材料

无盐黄油	80 克	即溶咖啡	1 汤匙
白砂糖	50 克	朗姆酒	2 汤匙
全蛋	2 个	苹果	2 个
低筋面粉	100 克	杏果酱	适量
泡打粉	3 克	君度橙酒	适量
肉桂粉	少许		

做法

1 将苹果切成两半，挖出核的部分，再切成薄片备用。

2 将软化的无盐黄油放入盆内，加入白砂糖，用搅拌器高速混合至变白且松软。

3 先打入1个蛋，混合均匀后，再打入第2个蛋，混合到全体变松软为止。

4 加入低筋面粉、肉桂粉、泡打粉，用搅拌器低速混合至没有干粉。

5 加入以朗姆酒溶解的即溶咖啡，混合。

6 将做法5的面糊倒入塔模内并均匀地摊平。

7 将做法1的苹果片从外侧均等地放置，中间也摆放数片。放入预热到170℃的烤箱中，烘烤40分钟。

8 烤好后在表面用毛刷涂抹杏果酱和君度橙酒即完成。

香橙豆腐乳酪塔

材料

塔皮		馅料	
无盐黄油	80 克	豆腐（沥干水分）	
白砂糖	7 克		200 克
盐	适量	杏仁粉	30 克
低筋面粉	100 克	麦芽糖	50 克
蛋黄	1 个	枫糖浆	50 克
水	1 茶匙	色拉油	50 克
柳橙	1 个	淀粉	20 克
		白味噌	1 汤匙
		柳橙汁	2 汤匙
		柳橙皮泥	1 茶匙

光亮液	
柳橙果酱	100 克
柳橙汁	2 汤匙
盐	适量

做法

1 制作塔皮

① 在食物料理机里放入过筛的面粉、白砂糖和盐。

② 将无盐黄油切成小块后放入。

③ 将做法1-2搅拌至看不到干粉。

④ 加入蛋黄与水的混合物一起搅拌。

⑤ 将做法1-4用手捏揉成团，放置于保鲜膜上。

⑥ 用擀面棍擀面饼至比塔模略大一圈，直接放入冰箱冷藏20~30分钟。

⑦ 拉开上面的保鲜膜，将面饼倒入模具内。再拉开另一面保鲜膜，用手指顺着模具把面团压一压，侧面也要加上压力以确保紧实。

⑧ 将擀面棍沿着模具上面滚动，切掉多余的面团。

⑨ 用叉子在底部均匀地打洞，放入预热至180℃的烤箱内烘烤8分钟。

2 将柳橙切成10片。锅中加入水煮沸，放入柳橙片烫煮至变色后，沥干水分备用。

3 制做馅料。将所有馅料材料放入食物料理机中。

4 将做法3搅打至绵密滑顺的乳霜状。

5 将做法4倒在塔皮上，用抹刀抹平。

6 在做法5表面放上柳橙片。

7 用毛刷刷上色拉油，放入以170℃预热好的烤箱中烘烤至塔皮中间膨胀（40~50分钟）。出炉后移到网架上冷却。表面涂抹上光亮液，再放入冰箱里冷藏数小时定型即可。（光亮液的制作是将材料放入锅里煮沸，再以小火边搅拌边快速煮一下，熄火后用筛网过滤。）

香蕉巧克力塔

材料

塔皮		馅料	
无盐黄油	80 克	蛋清	2 个
白砂糖	7 克	白砂糖	20 克
低筋面粉	100 克	杏仁粉	30 克
蛋黄	1 个	玉米淀粉	20 克
		甜巧克力	20 克
		装饰	
		香蕉	2 根
		糖粉	适量

做法

1 制作塔皮

① 在盆中放入软化的无盐黄油、白砂糖，用刮刀混合至润滑。

② 加入蛋混合。

③ 加入低筋面粉，混合至无干粉。

④ 将面团夹在2片保鲜膜之间。

⑤ 用擀面棍擀面饼成比塔模略大一圈，放入冰箱冷藏20~30分钟。

⑥ 拉开上面的保鲜膜，将面饼放入模具内。再拉开另一片保鲜膜，用手指顺着模具把面团压一压，侧面也要加上压力以确保紧实。

⑦ 将擀面棍沿着模具上面滚动，切掉多余的面团。

⑧ 用叉子在底部均匀地打洞，放入预热至180℃的烤箱内烘烤8分钟。

2 将香蕉切成薄片，甜巧克力切碎备用。

3 制作馅料。在盆内放入蛋清，用搅拌器混合至竖起有棱角，加入砂糖后再打发到结实。

4 把剩下的馅料材料全部加入，轻轻地混合，至稍微保留一些干粉即可。

5 将做法4的馅料全部倒在做法1的塔皮上面。

6 在做法5表面摆满切片的香蕉。

7 在做法6表面筛上糖粉，放入预热至180℃的烤箱内，烘烤30分钟即可。

洋葱咸派

材料

派皮		馅料	
低筋面粉	200克	新鲜洋葱	1个
盐	适量	黄油	1汤匙
蛋黄	1个	色拉油	1汤匙
水	1汤匙	盐	少许
无盐黄油	100克	胡椒粉	少许
调味酱		专用乳酪	40克
鸡蛋	1个		
牛奶	50毫升		
鲜奶油	50毫升		
盐	少许		
胡椒粉	少许		

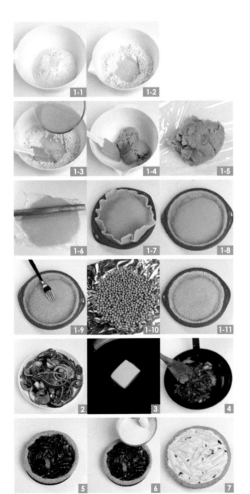

做法

准备：将调味酱的材料充分搅拌均匀后，放好备用。

1 制作派皮

① 将低筋面粉和盐混合后过筛到盆里。

② 将面粉中间按压成凹状，倒入已经加水搅拌好的蛋黄液。

③ 在加入蛋黄液的位置继续加入融化的无盐黄油。

④ 将做法1-3搅拌成团状，最好能剩下点面粉。如果无法形成团状，可加入1汤匙水，用刮刀搅拌均匀。

⑤ 将搅拌好的面团放在保鲜膜的中间位置。揉成约2厘米厚的圆状，放入冰箱冷藏30分钟。

⑥ 将冷藏过的面团取出，放在桌面上，在其表面铺一张同等大小的保鲜膜，用擀面棍按照从上到下的顺序擀压。每45°转一圈，使面团整体保持同样的厚度。（如果面团已经变软或者不成形，请把面团再次放入冰箱，直到面团的硬度恢复适中。要是擀的过程中面饼溢出，请把多余的面饼拢到中间，再用擀面棍将面饼摊平。）

⑦ 将擀好的面饼放入塔模中。

⑧ 用指尖轻轻地按压面饼，一定要让面饼完全贴在模具上。

⑨ 为防止烘烤过程中面饼底部鼓起，用叉子或小刀在面饼底部扎上气孔，起到透气的作用。

⑩ 在面饼表面铺一张烤箱专用油纸，在上面放上豆子或金属片，再放入180℃的烤箱里烘烤约15分钟。然后将油纸和豆子取出，单独对面饼进行烘烤，时间约为5分钟。

⑪ 烘烤好后趁热在面饼表皮涂上一层蛋黄，其目的是为了防止水果酱、奶油之类的液体渗入表皮，影响口感。

2 将洋葱竖切成细条。用保鲜膜包好，放入微波炉专用的容器里，加热5分钟。然后拿掉保鲜膜，继续加热5分钟，去除多余的水分。

3 将黄油和色拉油一齐倒入平底锅中烧热。

4 将洋葱放入，进行翻炒，直到颜色变成茶褐色（变色后洋葱自有的甜味将会得到完全释放），再撒上盐和胡椒粉调味。

5 将做法4放入已做好的派皮里。

6 浇上事前调好的调味酱。

7 在做法6表面撒上乳酪，放入提前预热到180℃的烤箱里烘烤30分钟即可。

洋梨塔

材料

塔皮		杏仁奶油	
无盐黄油	80克	奶油	30克
白砂糖	7克	糖粉	30克
低筋面粉	100克	蛋	30克
蛋黄	1个	杏仁粉	30克
光亮液		糖渍洋梨（切半）	
杏桃果酱	适量		5块

做法

准备：将糖渍洋梨放在厨房用纸巾上吸除多余的汁液。

1 制作塔皮

① 在盆中放入软化的无盐黄油、白砂糖，用刮刀混合至润滑。

② 加入蛋黄混合。

③ 加入低筋面粉，混合至无干粉。

④ 将面团夹在2片保鲜膜之间。

⑤ 用擀面棍擀面饼成比塔模略大一圈，放入冰箱冷藏20~30分钟。

⑥ 拉开上面的保鲜膜，将面饼放入模具内。再拉开另一片保鲜膜，用手指顺着模具把面团压一压，侧面也要加上压力以确保紧实。

⑦ 将擀面棍沿着模具上面滚动，切掉多余的面团。

⑧ 取一个直径为1厘米的圆型金属，等距离地在面饼边上开数个洞（也可用吸管来代替）。用叉子在底部均匀地打洞，放入预热到180℃的烤箱内烘烤8分钟。

2 制作杏仁奶油。将奶油放入盆中，用打蛋器打至柔软细腻状，加入糖粉继续混合至溶化。

3 将蛋液分次缓缓地加入，每次都要混合均匀。

4 加入杏仁粉，充分混合均匀，杏仁奶油即完成。

5 将做好的杏仁奶油抹在面饼底部，抹平。

6 将糖渍洋梨呈放射状排列在杏仁奶油上。放入已经预热至180℃的烤箱中，烘烤40分钟（如果怕烤得太焦，温度可以调至170℃）。待洋梨塔完全冷却后，在表面涂上薄薄的一层杏桃果酱。

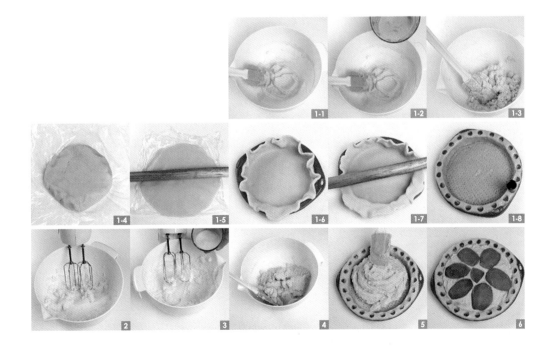

材料			
塔皮		**馅料**	
无盐黄油	80 克	紫薯	200 克
白砂糖	7 克	奶油奶酪	200 克
盐	适量	白砂糖	1 汤匙
低筋面粉	100 克	全蛋	1 个
蛋黄	1 个		
水	1 茶匙		

紫薯乳酪塔

做法

1 制作塔皮

① 在食物料理机里放入过筛的低筋面粉、白砂糖和盐。

② 将无盐黄油切成小块后放入。

③ 将做法1-2搅拌至无干粉。

④ 加入蛋黄与水的混合物一起搅拌。

⑤ 将做法1-4用手捏揉成团，放置于保鲜膜上。

⑥ 用擀面棍擀面饼至比塔模略大一圈，直接放入冰箱冷藏20~30分钟。

⑦ 拉开上面的保鲜膜，将面饼倒入模具内。再拉开另一面保鲜膜，用手指顺着模具把面团压一压，侧面也要加上压力以确保紧实。

⑧ 将擀面棍沿着模具上面滚动，切掉多余的面团。

⑨ 用叉子在底部均匀地打洞，放入预热至180℃的烤箱内烘烤8分钟。

2 制作馅料。将紫薯蒸熟去皮，捣成泥状备用。

3 将白砂糖和奶油奶酪放盆中搅拌均匀。

4 加入打散的蛋液。

5 将做法4搅拌均匀至完全融合，再加入紫薯泥搅拌均匀。

6 将做法5倒入塔皮内抹平，放入已经预热至180℃的烤箱内烘烤30分钟即可。